九章算术

【汉】佚名／编撰 【魏】刘徽／注

希格玛工作室／编译

上海教育出版社
SHANGHAI EDUCATIONAL
PUBLISHING HOUSE

U0397653

出版说明

大语文时代,阅读的重要性日益凸显。中小学生阅读能力的培养,已经越来越成为一个受到学校、家长和社会广泛关注的问题。学生在教材之外应当接触更丰富多彩的读物已毋庸置疑,但是读什么?怎样读?仍然是一个处于不断探索中的问题。

2020年4月,教育部首次颁布了《教育部基础教育课程教材发展中心 中小学生阅读指导目录(2020年版)》(以下简称《指导目录》)。《指导目录》"根据青少年儿童不同时期的心智发展水平、认知理解能力和阅读特点,从古今中外浩如烟海的图书中精心遴选出300种图书"。该目录的颁布,在体现出国家对中小学生阅读高度重视的同时,也意味着教育部及相关专家首次对学生"读什么"的问题做出了一个方向性引导。该目录的推出,"旨在引导学生读好书、读经典,加强中华优秀传统文化、革命文化和社会主义先进文化教育,提升科学素养,打好中国底色,开阔国际视野,增强综合素质,培养有理想、有本领、有担当的时代新人"。

上海教育出版社作为一家以教育出版为核心业务的出版单位,数十年来致力于为教育领域提供各种及时、可靠、实用、多样的图书产品,在学生阅读这一板块一直有所布局,也积累了一定的经验。《指导目录》颁布后,上教社尽自身所能,在多家兄弟出版社和相关机构的支持下,首期汇聚起其中的100余种图书,推出"中小学生阅读指导目录"系列,划分为"中国古典文学""中国现当代文学""外国文学""人文社科""自然科学""艺术"六个板块,按照《指导目录》标注出适合的学段,并根据学生的需要做适当的编排。丛书拟于一两年内陆续推出,相信它的出版,将会进一步充实上教社已有的学生课外阅读板块,为广大学生提供更经典、多样、实用、适宜的阅读选择。

编　者

《九章算术》导言

壹、《九章算术》的历史

作为中国传统数学最重要的典籍,《九章算术》一书本身的起伏,似乎就对应着中国古典科技文化的兴衰。

《九章算术》原文采用"题(问题加答案)—术(算法)"的形式,从各种史料来看,其中的很大一部分问题和算法成型于春秋战国[1],正是中国古代思想文化空前繁荣的时期。按刘徽《九章算术注》序的说法,到秦朝,秦始皇焚书坑儒,而《九章算术》也"经术散坏"。到西汉,汉文帝刘恒修生养息、兴修水利,汉宣帝刘询劝课农桑、通漕渠、设常平,于是在这两个时期分别出现了北平侯、丞相张苍和大司农中丞耿寿昌,此二人等对《九章算术》"因旧文之遗残,各称删补"。按考证,今日流传的《九章算术》原文应成书于公元1世纪下半叶,彼时正是将东汉推向鼎盛的"明章之治",国家大兴学校,思想政治开明,文化经济繁荣。到曹魏后期,中国北方在战乱后经过几十年的发展生产,科技水平有了长足的进步,在机械、地理、数学等各方面都出现了奠基性的成果。其中,刘徽为《九章算术》作注,整理解释了《九章算术》中的算法,以"率""勾股""盈补"等几个基本思想为逻辑基础,对《九章算术》做了系统的阐述。从此通行的《九章

---

1 郭书春《古代世界数学泰斗刘徽》第二章第二节。

算术》都采用"题—术—注"的形式。刘徽注《九章算术》奠定了中国古代数学的理论基础，并进一步确立了中国古代数学"基于用、重算法、机械化"的传统。《九章算术》从此成为"中国古算经之首"，在此后一千年中，没有能在深度、广度和影响力上都超过它的数学著作[1]。可以说，以刘徽注《九章算术》为标志，中国传统数学终于汇源流而成河。

在隋唐至宋元的中国文明成熟和繁荣时期，《九章算术》既扮演了官方数学教材的角色，也是各家数学新著在形式、风格、思想上的范本。唐代李淳风在刘徽的基础上再注《九章算术》，并与其他几部数学著作合编为《算经十书》，从此成为历代通行的官方数学教材。而从隋唐到北宋之间的数学著作，形式体例基本沿用《九章算术》，但除了祖冲之父子失传的《缀术》外，无能出其右者。直到北宋贾宪作《黄帝九章算经细草》，才终于对《九章算术》做了进一步的深耕和注释图解（草），又特别对理论部分进行了抽象。到南宋文化兴盛，又"尊崇算学，科目渐兴"[2]，中国古代数学发展至巅峰。贾宪之后又有宋元四大家：秦九韶、李冶、杨辉、朱世杰，分别著有《数书九章》《测圆海镜》《杨辉算法》《四元玉鉴》等，是中国古代数学最高成就的代表。这些著作的总成就在各方面都已超过《九章算术》，但都或多或少地保留了《九章算术》的体例，并在《九章算术》设立的框架下展开讨论。更重要的是，它们都遵循并发展了《九章算术》及刘徽、贾宪所建立的"实际问题—机械算法—抽象说理"中国数学传统[3]。由《九章算术》所开之河虽见拓宽，却不曾改道。

到明清两代，随着中国社会发展的内驱力渐渐不足，科学技术的发

1　南宋荣棨："选《九章》以为算经之首……自古迄今，历数千余载……凡善数学者，人人服膺而重之。"

2　莫若《四元玉鉴》前序。

3　郭书春《古代世界数学泰斗刘徽》第十一章第四节。

展慢慢停滞。在此期间，贾宪的著作基本佚失，只在杨辉著书的引用中有所保留；宋版《九章算术》及刘徽注近乎失传，只存留在《永乐大典》中，偶有残卷流传于藏家之手。但其时中国数学水平一落千丈，抄本多有错误，其中如"盈不足术"之类的优秀算法几乎已无人能解。明末大数学家徐光启在《勾股义》中谈及《九章算术》勾股部分时言道："旧九章中亦有之……所立诸法芜陋不堪读"[1]，想见徐光启本人应未读到《九章算术》真本。在帝制时代回光返照的清中叶，中国古典数学有过短暂复兴，先有戴震从《永乐大典》中辑出《九章算术》并做了勘校，使其得以重见天日，后又有李潢、焦循等人为戴本《九章算术》作注、说。虽然此诸公所著中多有疏漏错妄，却为《九章算术》能够流传至今做出了巨大的贡献，可谓功莫大焉。但此时中华古典文化源头生机将尽，内生的技术发展动力已竭，中国传统数学因其"基于用"的本性，在无外部刺激的情况下亦是沉疴难起。所以《九章算术》及刘徽注虽得以传世，却终于少人问津。

　　中国传统数学从元中叶起便陷于停滞，最早认识到这一点并做出明确反应的可能是徐光启。徐光启对此提出了内外两方：对内，他强调将传统数学"基于用"的传统更进一步，赋予数学更独立的意义，为"不用之用，万用之基"；对外，他翻译引入欧几里得《几何原本》，强调公理系统和逻辑演绎。以今日之眼光，徐光启的思想可谓真知灼见，可惜当时并未得到重视。清代有学者引进西方数学，却欲将其简单地纳入《九章算术》的分类框架之中，可谓削足适履，只得其形而已。自晚清起，中国沉沦逾百年，国之大变，国人受西方之害，又不得不求学于西方，于是其间文化鼎故、科技革新皆来源于西方，数学不能例外。徐光启和伽利略（Galilei）几乎同龄，但从此二人之后，中国传统数学河水渐枯，而西方数学渐盛。

1　徐光启《勾股义》。

自伽利略后,西方笛卡尔(Descartes)、费马(Fermat)、莱布尼茨(Leibniz)、牛顿(Newton)等大师不断涌现,可谓群星璀璨,三百余年中,西方数学早已成独立之洪流,蔚为大观。如此洪流引入中国,固然使渠道畅通,但中国传统数学却似乎从此无用。两千年脉脉长河,仿若死水,偶有微澜,往往是有旧日闪光,恰能作为西方成就的注解而已。

随着民族觉醒,有识之士不甘传统沦落。20 世纪 20 到 70 年代,有钱宝琮、李俨两位大师发掘整理中国古代数学典籍,乃为中国数学史奠基。其初心是为正本清源,重新确立中国传统数学应有的地位,提升民族科学自信,于是对《九章算术》的研究成为重中之重。尤其是钱宝琮先生对戴震、李潢等人的《九章算术》做了严谨科学的校勘,成为之后《九章算术》研究的基础。20 世纪最后三十年,中国重归世界强国之列,经济腾飞之余,文化复兴的需求亦高涨。于是在钱、李等大师的基础上,又有吴文俊、李继闵、郭书春等先生对《九章算术》及刘徽注作更进一步的研究,其工作大致可分为三个方向:一是结合新发掘的文献史料对文本做细致的校正考据,以复其旧观;二是阐发其数学成就,溯洄查其源,以得其精神,溯游观其流,以沟通中西;三是以"古证复原"[1]之方法,探索其数学思想,体察其内在逻辑。此三者,一为基础,二为表现,三为内核。经过一代学者的努力,不但《九章算术》中勾股、正负、盈不足等算法的伟大成就再一次为世人所知,中国古代数学之独立地位重新获得承认,更明确了中国古代数学曾通过印度、中亚而深刻影响西方[2]。所以现代数学并非独立起源于西方,中国古代数学也并非有始无终的内河,而是早有分流,如支流注入现代数学之中。

1　吴文俊《海岛算经古证探源》。

2　当然,此处不能不提李约瑟(Joseph Needham)博士的《中国科学技术史》。

贰、理解《九章算术》

2020 年,《九章算术》作为唯一的一本中国古代数学经典入选了教育部《中小学生阅读指导目录》的初中部分[1]。以今日中国文化复兴之势,让中学生有机会了解和学习《九章算术》这一部中国古典学术巨著,本就是顺理成章的事。再就今日国家的教育方针,《九章算术》是推进民众阅读不可缺少的材料,特别地,对培养学生爱国情怀、加强学生品德修养、增长学生知识见识,可谓当之无愧的应时之选。但若是回到《九章算术》及刘徽注的文本和数学本身,恐怕还是需要讲一讲该怎样读《九章算术》。

有人认为,今天的中学生便应该很容易阅读和理解《九章算术》,其原因大约有两条:其一,《九章算术》中的题目大多可以用现代中小学数学课本中的方法解决。其二,相较于现代数学学术著作的写法,《九章算术》是一本"门槛比较低"的学术著作。由于中国古代数学"实用性"和"工具化"的特性,《九章算术》的例题大多来源于日常生产生活,并不抽象,同时又强调算法的可操作性,读者可以不纠结理论或算法来由,直接放仿使用。刘徽在《九章算术注》序中特别提到:"至于以法相传,亦犹规矩度量可得而共,非特难为也。"也就是说,(至于)只是教授现成的算法,那就和圆规、曲尺及度量工具一样,人人都可以得到使用,并不特别困难。确实,《九章算术》并不是一本崖岸自高的作品,再加上由于时代进步所带来的巨大知识优势,使得中学生"读懂"《九章算术》成为可能。

但是,这样的看法还多少反映了人们对《九章算术》的数学,特别是

1　见中华人民共和国教育部网站 http://www.moe.gov.cn/jyb_xwfb/gzdt_gzdt/s5987/202004/t20200422_445605.html。

其与现代数学之间差别的认识偏差。事实上,在漫长的近两千年中,《九章算术》从来不是一本"基础读物"。即便在中国古代数学最发达的宋元时期,《九章算术》作为高等数学教材,官学学生在学习了《五曹算经》《应用算法》等基础教材之后,尚需要至少一年的时间修习《九章算术》[1];而在杨辉的私学之中,同样在学习了一干基础教材之后,仅《九章算术》中的"方田"一卷,就需要学习超过两个月[2]。若说今日中学生已普遍达到中国古代数学最高水平的入门标准,未免有些言过其实。更关键的是,《九章算术》的体例特点和其所代表的中国古代数学内涵,与现代数学的常规表达方式大相径庭,也不如后者清晰。所以,要真正"读懂"《九章算术》绝不容易。

《九章算术》全书共九卷,分别为"方田""粟米""衰分""少广""商功""均输""盈不足""方程"和"勾股",其中"勾股"古称"旁要"。所以九卷卷名分别对应不同的实用场合[3],进而引申为中国古代数学的门类,由此几乎开启了中国古代数学根植应用的传统。原文每一卷都采用"题—术"体例,即先提出具体情境下的数学问题(类似今天中小学的"应用题"),并给出答案,然后以"术"给出具体算法。偶尔也有先陈述"术",引领之后几个问题的情况。《九章算术》全书共计 246 题,53 术,"一术多题"并非罕见,盖因中国古代数学家早已有从具体问题抽象出一般解法的能力,亦懂得如何理解、应用抽象的算法去解决一般的问题。比如,"粟米"卷开篇即介绍的今有术,后经过印度传入西方,称为"三率法",也就是今天所谓的按比例算法。《九章算术》中一道典型的今有术例题是这样的[4]:假设 50

---

1 代钦《中国数学教育史》。

2 杨辉《习算纲目》。

3 可参见各卷卷名刘徽注及卷首说明。

4 见"粟米"卷,题【一】。

份粟能换 30 份粝米，现有 1 斗粟，问能换多少粝米。虽然《九章算术》通过粮食换算来说明今有术，并将其归入"粟米"卷中，但是毫无疑问今有术拥有抽象算法的独立地位。一者，虽然没有使用抽象的数学符号，但《九章算术》已经意识到可以赋予题设中的数量独立的意义，从而抽象成一般的算法。《九章算术》对上面典型例题的算法是这样的：将粟 50 称为"所有率"，粝米 30 称为"所求率"，粟 1 斗称为"所有数"，所求粝米的量称为"所求数"，然后遵循一般的算法：所有数乘所求率除以所有率，即得到所求数。二者，今有术作为独立的算法也应用于其他问题，并几乎贯穿于整本《九章算术》。所以，在《九章算术》的"题—术"体例中，"题"并不仅仅只是陈述问题，而是代表了某类算法通用之典型情境，"术"也并不仅仅只是针对某一题的解法，往往是代表了某一类问题解法的基本思路。[1] 也正是因为如此，才可以说《九章算术》中的算法是真正的"机械化"，即从"一题一术"到"一类一术"，都可以按照一定的规律，选择确定的步骤完成解答。在这些意义下，若只是以解决《九章算术》中的问题为目的来阅读《九章算术》，就完全忽略了对《九章算术》工具性和机械化的理解。

　　更重要的是，《九章算术》中"术"的意义并非仅止于如"规矩度量"的算法，它们既是《九章算术》刘徽注的载体，也是理解刘徽注的线索，和刘徽注共同构成了《九章算术》在数学理论层面的深刻内涵。这些内涵不可能被今日中学数学所涵盖，也很难被任何一本现代数学著作所特意强调，因为正是这些内涵构成了中国古代数学的基本内在逻辑。仍以今有

---

1 熟悉今日之应用数学或数学建模的读者对此类做法当不陌生。譬如，著名的传染病 SIR 模型，即以"传染病"为名，教科书中亦往往以疾病传播的案例来讲解其用法。但 SIR 模型本身的应用却并不局限于传染病传播研究一例，凡是满足一定条件的社会性传播事件皆可以其为基本方法进行研究。

术和上面的例题为例,其术原文只有一句话:

今有术曰:以所有数乘所求率为实,以所有率为法,实如法而一。

这里的"实""法"和"实如法而一",暂时可以被分别理解为"被除数""除数"和"被除数除以除数",更确切的含义可见正文第一卷"方田"中的注解。但在"以所有率为法"后,却有刘徽注大段如下:

少者多之始,一者数之母,故为率者必等之于一。据粟率五、粝率三,是粟五而为一,粝米三而为一也。欲化粟为米者,粟当先本是一。一者,谓以五约之,令五而为一也。讫,乃以三乘之,令一而为三。如是,则率至于一,以五为三矣。

这段论述想必是要解释今有术的原理,但是单看第一句"少者多之始,一者数之母,故为率者必等之于一",却令人费解。后面的部分倒是比较清楚:粟的"率"是 5,粝米的"率"是 3,所以粟的 5 作为"一",粝米的 3 作为"一",这里的"一"可以暂时先理解为"单位"。这段话显然是第一句中"为率者必等之于一"的具体体现。如何用这个事实来将粟化为粝米呢?先看粟有几个"单位"("先本是一"),根据"令五而为一也",就是要用粟的数量除以 5("以五约之")。此时若再将所得的结果乘 3 作为粝米的数量,那么粝米的"单位"数就和粟的"单位"数一样了("率至于一"),所以这是正确的(粝米数量)。这段刘徽注在某种意义上"推导"了今有术,其出发点是"为率者必等之于一"。那么,这又是为什么呢?从行文上可以推断,"为率者必等之于一"的原因是"少者多之始,一者数之母",所以要理解刘徽的这个推理过程,就必须理解这两句话和"率"的意义。如何理解这两句话呢?"少者多之始",所谓积少成多,可以理解为所有数都由较小的数"堆叠"而成,所以既然所有的数都可以由很多个"一"叠加而成,自然有"一者数之母"。值得注意的是,《九章算术》中的数包括分数[1],所以这里的"一"应该理解为"一份"或"一个基本单位"。那么,"率"的含义是什么呢?《九章算术》第一卷"方田"的刘徽注〔壹拾叁〕中有明确定义:"凡数相与者谓之率。""相与"者,交互涉及相关,在《九章算术》的语境下,大致可以理解为相比较(而共同变化)[2]。这样下一句"故为率者必等之于一"就好理解了,既然"率"是数的"相与",那么5作为粟的"率",是哪两个数"相与"呢? 当然就是5本身与单位"一"了。这就是所谓的"为率者必等之于一"了。注意此处的"等"作为动词作"比较"解,究竟是怎样的比较呢? 我们再说。

所以,作为今天小学数学内容的按比例计算,在《九章算术》中的形成逻辑与现代数学通常教授的逻辑非常不同。用同样的"粟换粝米"问题来对比一下两者的解题逻辑[3]:

《九章算术》(刘徽注)解法逻辑:50份(斗)粟能换30份(斗)粝米,所以粟率50,粝米率30。按照"率"的定义,粟50对应一单位,粝米30对应一单位,所以粟1斗对应 $\frac{1}{50}$ 单位,同样单位的粝米数为 $\frac{30}{50}=\frac{3}{5}$ 斗。

人教版小学数学解法逻辑:两数的**比**表示两数相除,记作 $a:b=\frac{a}{b}$,相除结果称为**比值**。两个比的比值相等,称为成**比例**。若有比例 $a:b=c:d$,则有 $ad=bc$。(教材中称为**比例的基本性质**,由总结规律得到)现50份粟能换30份粝米,按比例分配,设粟1斗能换粝米 x 斗,

---

1　见正文"方田"卷刘徽注〔伍〕及注解。

2　《周易·咸》:"柔上而刚下,二气感应以相与。"

3　此处参考的是人民教育出版社2014年版的小学数学课本,六年级上、下册。

则有 $50:30=1:x$ 。解比例：$50x=30$，得 $x=\dfrac{3}{5}$ 斗。

可以看到，人教版小学数学解法逻辑的思想核心在于两点，一是对**比和比例**形式化的定义；二是设立未知数的"方程"[1]思想。由此可以一窥现代数学的特点，即以形式化为基础，定义清晰，强调根据定义建立数量关系（"方程"）。相对地，因为尚未发展出数学的形式化思想，《九章算术》虽然同样将解题逻辑建立在"率"的定义之上，但不如现代数学清晰。不过，《九章算术》在"率"的概念的基础上对数量关系的理解相当深入，因为"率"本身即被理解为数量关系的一种。单从这一题来讲，至少还可以看到，《九章算术》对数的理解已经脱离了单纯的"数量"，特别是对数字 1 进行抽象的理解，既是理解"率"的概念的关键，也是解题逻辑成立的关键。

《九章算术》算法背后的中国古代数学逻辑和今天数学教育普遍传授的现代数学逻辑如此不同，所以阅读其中的算法，就有必要暂时抛开已经熟练的现代数学思考方式，避免先入为主的思维定式，同时小心地在刘徽注中寻找算法的逻辑线索。只有能够顺着刘徽注的线索留心到《九章算术》各个"题—术"背后的"理"，方能体察中国古代的算学思想，才有可能整理出《九章算术》整体的数学逻辑体系。这便是刘徽在《九章算术注》序中所谓的"析理以辞"。对于今天的读者，这事实上是相当不容易的。

所以，《九章算术》的内容事实上分为"题—术—理"三个层次，而刘徽注既是阐述"理"的主要文字，也是由"术"寻"理"的主要线索。我们可以用下图来描述《九章算术》的层次结构：

1　为区别《九章算术》第八卷的方程概念，本书中涉及现代意义上的"方程"时，往往加引号。

相对应地,对《九章算术》的理解也有三个层次。理解原文的题、术,并可以利用《九章算术》中的算法按部就班地解决一类相似的问题是第一个层次,即相当于刘徽所说的"工具"的层次,这一层次集中体现了《九章算术》机械化的特点。理解刘徽注对原文中的算法的解释是第二个层次。从《九章算术》的算法和刘徽注中提炼出成系统的数学原理,并能够应用于其他问题,是第三个层次。对于今天的中学生而言,在给出文言文的现代文翻译之后,达到第一个层次是容易的,但是要达到后两个层次,就需要一定的解读和引导。

叁、本书的内容和体例

编译本书的目的是为有一定基础的中学生提供一本相对侧重数学思想原理的《九章算术》入门读物,在清楚翻译《九章算术》题、术的基础上,为中学生对《九章算术》做上述第二层和第三层的理解提供一些线索和帮助。除了文言阅读的障碍以外,对《九章算术》做第二层和第三层理解的最大困难有两点。首先是刘徽注的文字简要但信息量大,关键的图注又基本散失殆尽,这使得刘徽注中的一些用词指向不明,许多算法过程与文字的对应模糊。比如,"少广"卷中的"开方术",即开平方算法,原文仅一百三十余字,刘徽的注解也仅三百字左右,其中如"上下相命""就上折下"等说明,具体含义只能根据算法推测。刘徽注中屡次用到"黄甲""黄乙""朱幂"等说法,本是刘徽利用图示来对算法进行解释,既然刘徽原图早已失传,这些说法也只能根据后人的补图来理解。第二点困难在于,《九章算术》与刘徽的数学思想很少有集中、明确的阐述。由于刘徽注以解释《九章算术》中的算法为主,其中大部分数学概念的引入和数学思想的阐述都隐藏在具体例题的讲解之中,在例题本身就比较难的情况下,要进一步引申和抽象,就很困难。同样,刘徽注中对数学原理的阐释伴随着不同的例题散见在全书各处,由于例题之间很难形成直接的逻辑关系,要将这些数学原理的片段连成完整的链条,除了要将它们从例题和算法的背后发掘出来以外,还必须对《九章算术》的内容有整体的把握和理解。

因此,我们对这一版《九章算术》的内容和体例做了一些取舍和设计,如下图中的样章所示。

[六]今有池方一丈,葭生其中央,出水一尺。引葭赴岸,适与岸齐。问:水深、葭长各几何?答曰:水深一丈二尺。葭长一丈三尺。

术曰:半池方自乘[柒],以出水一尺自乘,减之[捌]。余,倍出水除之,即得水深[玖]。加出水数,得葭长。

> 宋体——原文

[柒]此以池方半之,得五尺为勾;水深为股;葭长为弦。以勾及股弦差见股、弦,故令勾自乘,先见矩幂也。

[捌]出水者,股弦差。减此差幂于矩幂则除之。

[玖]差为矩幂之广,水深是股。今此幂得出水一尺为长,故为矩而得葭长也。

> 楷体——刘徽注

原文翻译

【6】现有一正方形水池,边长为1丈,葭生长在它的正中央,露出水面的部分长1尺。将葭向池岸牵引,恰好与水岸齐平。问:水深、葭长各是多少?答:水深1丈2尺,葭长1丈3尺。

算法:取水池边长的一半,自乘,结果减去葭露出水面的长度的平方,所得的差除以2倍的葭露出水面的长度,即得水深。水深加葭露出水面的长度,即为葭长。

> 宋体——原文翻译

注解

如图9-7,以半池长为勾,水深为股,葭长为弦,葭露出水面的1尺即为股弦差。由前面②式

$$(弦-股)\times(弦-股+2股)=勾^2,$$

或者由图9-8可知:股×(弦-股)×2=勾²-(弦-股)²。如此解释了上面的算法。

> 楷体——刘徽注原理注解

在体例上,凭借对《九章算术》全文数学发展逻辑的理解,编译者按照原文顺序,将《九章算术》中相邻的一个或几个例题合成为一个段落,

进行集中讨论[1]。按是否铺底色，将每个段落的正文分为两部分，铺底色的是古文部分，即《九章算术》原文和刘徽注原文；未铺底色的是现代文部分，是对《九章算术》原文的翻译，和通过解读刘徽注，对《九章算术》算法的理解和对刘徽数学思想的整理。为了在古文中区别《九章算术》原文和刘徽注，我们对前者使用宋体，对后者使用楷体。特别地，我们将原文题、术独立成段，再将刘徽注集中附于其后。配合古文部分的设计，我们将现代文部分再分为"原文翻译"和"注解"两部分，前者采用宋体，对应古文《九章算术》原文部分，后者采用楷体，对应古文刘徽注部分，可以理解为"刘徽注的解读"。

在内容上，若只看宋体部分，是《九章算术》的原文及翻译，对应《九章算术》"工具"层面的理解。令宋体部分相对独立，是为了给关注中国古代数学"机械化"的特点，希望只参考这一部分的读者创造方便。若只看现代文部分，则是对刘徽注和《九章算术》算法的现代解读。其中，对较简单的刘徽注只做简单的解释或点评，但对刘徽注或原文算法较复杂的，或是涉及数学定义和数学思想、具有引申和拓展价值的部分，则做较详细的解读。这样做的目的，是希望重点挖掘刘徽注中涉及中国传统数学理论的各个片段，明确其中抽象的定义，理清从定义到算法的原理，并尽量刻画这种原理在《九章算术》全书中的发展线索。编译者希望现代文部分在数学上是自洽的，但是对刘徽注的解读，不可能不涉及对原文的引用，尤其是在讨论个别关键字时，甚至需要对刘徽注原文做逐字的理解。因此，在阅读现代文部分时，对刘徽注原文的参考是必要甚至是必须的。这也是将刘徽注独立成段的另一个原因。

出于本书的编写目的，编译者忍痛做了取舍。最大的舍弃部分，是

---

1 这里参照了李继闵《九章算术导读与译注》的做法，但各个段落的分法略有不同。

在本书中放弃了对刘徽注的现代文翻译,同时也没有对《九章算术》全文做单个字词的注释。这样做是因为以下几个原因。第一,篇幅不允许。第二,刘徽注的直译和"注解"中部分内容重复。编译者已经对刘徽注中的重点部分进行了详细讨论,这些讨论已经包含了对刘徽注的解释,所以对这些部分再进行直译意义不大。第三,因为本书的主要目的是为中学生做关于《九章算术》数学方面的介绍,所以对其中在数学意义下相对不重要的部分,再做直译或者文字上的注释,难免喧宾夺主,偏离本书的主旨。当然,对《九章算术》与刘徽注的文字解读是《九章算术》研究最基础的部分,放弃了这一部分,已经使得本书称不上是严肃的学术作品。所幸的是,前辈学者已经为我们留下优秀的文献,对这部分内容感兴趣的读者,可以参考李继闵的《九章算术导读和译注》,以及郭书春的《九章算术新校》。相信读者能从这些文献中获益良多。

读者将会发现本书在叙述中参照了不少现代数学内容,这当然是编译者有意为之,但也颇有不得已。前面已经提到,由于刘徽注简要难懂,且多有散失,要直接通过刘徽注整理出其数学原理的细节已经非常困难,更何况在本书中我们又放弃了对刘徽注文字的严格解读。那么,我们将采取怎样的路线来理解《九章算术》中的数学呢?我们在第一节中已经提到了,现代数学并非独立起源于西方,中国古代数学也并非有始无终的内河,而是早有分流,如支流注入现代数学之中。现代数学有中西之分野吗?现代数学已成独立之学科,自有内在发展之逻辑,并且由于其高度的抽象化和客观性,以其"不用",比任何其他学科都更加独立于社会和文化环境。数学思想有中西之分野吗?或曰公理化演绎思想源自古希腊、机械算法思想源自中国,诚然如是。但欧几里得有"欧几里得算法"传世,刘徽在《九章算术》注中却说"数而求穷之者,谓以情推,不用筹算"。所以,中西数学思想虽是各有偏重,却绝非泾渭分明。吴文俊院士是"古证复原"方法的倡导者,也是现代"几何机械证明"的先驱。按他自述,自己数学机械化的思想主要来源于《九章算术》[1],但在其几何机械证明的开山之作《几何定理机器证明的基本原理》中,直接引以为基础的却是希尔伯特(Hilbert)的《几何基础》。所以我们相信,虽然《九章算术》的数学原理不同于现代数学的通常理解,但其所研究的数学对象必然已经包含于现代数学之中,而其在研究该对象时所体现的数学思想,必然体现在现代数学对该对象全面理解的某一个侧面。因此,我们可以通过比较现代数学理解的各个角度和刘徽注原文,来推测刘徽注的真正内涵。

比如,从现代数学的角度容易看到,《九章算术》从第二卷"粟米"开始,"衰分""均输""盈不足"和"方程"五卷,由浅入深,讨论的都是现代数学中的"线性关系"。在《九章算术》中,这些讨论的基础是"率"的概念,而在现代数学中,线性关系的基础是"比"的概念。所以,自然考虑比较"率"和"比"的概念。这样的比较必须通过刘徽注原文的检验。乍看之下,刘徽说"凡数相与者谓之率",前面已经提到,"相与"可以先理解为"比较",两数比较,似乎"率"和"比"的概念可以相同。但是,再考虑刘徽这句话所处的语境,紧接着说的是"率者,自相与通",所以"相与"在此处绝不仅仅只是将两个数放在一起比较,而是应该规定了这种"比较"的法则。考虑现代数学中"比"的性质,两个"比"相同,是所谓的"成比例",所以这里的"相与"应该是对"成比例"这一关系的某种理解。再考虑"凡数相与者谓之率。率者,自相与通"这句话所处的整体语境。此时,刘徽正在讨论分数的"约分"和"散分",联系上下文,我们于是可以理解"数相与"的意义是"(两)数可以同时乘或除以一个相同的数"这一关系,相信

---

1 李文林《吴文俊:让全世界重新认识中国古代数学的人》。

虽不中亦不远矣。

像这样细节的理解过程当然无法也无必要在正文中体现，在编写过程中，凡是采用这种思路做出理解的部分，编译者都努力做减法，砍去相对主观的部分，只保留相对客观，和主流看法比较一致的结果。但其中自然还会留有许多疏漏和错处，以及不严谨的地方，希望能得到方家的指正。但是，这样的思路和做法也许并不失为一种理解《九章算术》的有益尝试，所以编译者在导言中不惜篇幅，略作解释。当然，本书中的更多现代数学内容是有意为之，事实上，编译者一直认为《九章算术》的数学有相当多的现代成分，即便是单纯地将《九章算术》与现代数学相关内容去做一些比较，已经很有意思。除了《九章算术》本身，也希望读者能够通过《九章算术》学习到一些现代数学。

徐泽林教授和段耀勇教授对本书的原稿提出了许多有益的意见和建议，上海教育出版社的编辑们在本书的成书过程中做了大量的工作，我们在此一并表示衷心的感谢。

希格玛工作室

2020 年 11 月 19 日

目 录

《九章算术注》序

刘　徽

　　昔在庖牺氏始画八卦，以通神明之德，以类万物之情，作九九之术，以合六爻之变。暨于黄帝神而化之，引而伸之，于是建历纪，协律吕，用稽道原，然后两仪四象精微之气可得而效焉。记称"隶首作数"，其详未之闻也。按：周公制礼而有九数，九数之流，则《九章》是矣。往者暴秦焚书，经术散坏。自时厥后，汉北平侯张苍、大司农中丞耿寿昌皆以善算命世。苍等因旧文之遗残，各称删补。故校其目则与古或异，而所论者多近语也。

　　徽幼习《九章》，长再详览。观阴阳之割裂，总算术之根源，探赜（zé）之暇，遂悟其意。是以敢竭顽鲁，采其所见，为之作注。事类相推，各有攸归，故枝条虽分而同本干者，发其一端而已。又所析理以辞，解体用图，庶亦约而能周，通而不黩，览之者思过半矣。且算在六艺，古者以宾兴贤能，教习国子。虽曰九数，其能穷纤入微，探测无方；至于以法相传，亦犹规矩度量可得而共，非特难为也。当今好之者寡，故世虽多通才达学，而未必能综于此耳。

　　《周官》大司徒职，夏至日中立八尺之表，其景尺有五寸，谓之地中。说云：南戴日下万五千里。夫云尔者，以术推之。按《九章》立四表望远及因木望山之术，皆端旁互见，无有超邈若斯之类。然则苍等为术犹未足以博尽群数也。徽寻九数有重差之名，原其指趣乃所以施于此也。凡望极高、测绝深而兼知其远者必用重差,勾股则必以重差为率,故曰重差也。立两表于洛阳之城,令高八尺,南北各尽平地,同日度其正中之景。以景差为法,表高乘表间为实,实如法而一,所得加表高,即日去地也。以南表之景乘表间为实,实如法而一,即为从南表至南戴日下也。以南戴日下及日去地为勾、股,为之求弦,即日去人也。以径寸之筒南望日,日满筒空,则定筒之长短以为股率,以筒径为勾率,日去人之数为大股,大股之勾即日径也。虽夫圆穹之象犹曰可度,又况泰山之高与江海之广哉。徽以为今之史籍且略举天地之物,考论厥数,载之于志,以阐世术之美。辄造《重差》,并为注解,以究古人之意,缀于勾股之下。度高者重表,测深者累矩,孤离者三望,离而又旁求者四望。触类而长之,则虽幽遐诡伏,靡所不入。博物君子,详而览焉。

《九章算术注》序通译

　　从前伏羲作八卦，以通达神明（所显现的）变化规律[1]，类推万物的情状；又作九九乘法，以配合推算六爻的变化。到了黄帝，得其精妙的变化又加以应用[2]，推衍又加以发展，由此制定历法纪年，协调音律，并探究道的根源，从而得以掌握两仪四象的精微之处并加以验证。传说"隶首始作算数"，但我却没有听说其中的细节。按：周公制定礼乐，其中有数学的九个科目，称为"九数"，《九章算术》即传承于九数。然而经过暴虐秦朝的焚书，原书中的经术多有散佚损坏。直到后来，西汉的北平侯张苍、大司农中丞耿寿昌都是擅长算数之学的名家，他们根据旧时残存的文稿进行了相应的删减增补。所以现在的《九章算术》目次与古代的或有不同，而论述又多采用近代的语言。

　　我自幼学习《九章算术》，年长后又再仔细研读。我考察阴阳的分割（变化），总括算术的根源，在这些对幽深玄妙的道理探索之余，终于领会

1　以通神明之德，以类万物之情。此句原出《易经·系辞下》，乃是指用周易八卦来表现和贯通事物的变化。德：万物因"道"而生的运行规律或自然属性。《管子》："德者道之舍，德得以生。"若将"道"理解为万物变化的动力或抽象规律，《易经·系辞上》："一阴一阳之谓道"，那么德可以被理解为事物秉承了道而运行的具体变化规律。《九家易》注："阴阳交通，乃谓之德"。

2　神而化之。《易经·系辞上》："阴阳不测之谓神"，《黄帝内经·素问》："物生谓之化，物极谓之变，阴阳不测谓之神"。《易经·系辞下》："穷神知化，德之盛也。"所以"神"可以指万物精妙的变化规律，而"化"指衍生应用。后一句"引而伸之"，《易经·系辞上》："引而伸之，触类而长之，天下之能事毕矣。"

了其道理。以此才敢于竭尽我驽钝的才智，摘集其中的见解，为其做注解。事物相类的可以互相推论，各有所归属，所以枝条分离而主干一样的，它们必有同一根源。然后用命题[1]来分析其原理，用图形来解释其形态，希望能做到简明而又严密，全面而不庞杂，使读者能领略大部分。算术乃是"六艺"之一，古时候的人以宾客之礼聚集能者，教授贵族子弟。虽然称为"九数"，但它既能穷尽纤毫微末，亦能探测广阔无穷。至于只是传授现成的算法，那就和圆规、曲尺及度量工具一样，人人都可以得到使用，并不特别困难。如今喜好算术的人太少了，所以世上虽有很多学问通达的人，却未必能对此有所研究。

《周官》记载大司徒在夏至日的正午立一根 8 尺长的标杆，若其影子长 1 尺 5 寸，则（标杆所立之处）定为"地中"。其注称："正南方太阳直射之处距此 1 万 5 千里"。有如此说法，乃是由算术推算而来。而《九章算术》中的"立四表望远"（见"勾股"【二二】）和"因木望山"（见"勾股"【二三】）的算法，都是"端"（远处被测物）和"旁"（近处参照物）之间距离可以直接测量的情形，而没有像（测太阳）这么遥远而不可及的。所以张苍等人所作的算法也没有广博到能涵盖所有的可计算的事物。我发现"九数"中有"重差"这一项，推究其宗旨就在于计算这样的情形。凡是观测极高、极深又兼求其距离极远的，必然要用到"两次测量取其差"，而此时勾股又必以其差为比率，所以称之为"重差"。在洛阳城立两根标杆，各高 8 尺，使得它们南北排列且处于同一直线上，同一天正午同时测量他们的影长。以影长的差为除数，用标杆的高乘标杆的间距作被除数，相除所得的结果加上标杆的高度，即为太阳的高度；用南边的标杆影长乘

1　辞：中国古代逻辑名词，指判断或命题。见李继闵《九章算术导读与译注》一书中"刘徽《九章算术注》原序"章的注 24。

标杆的间距作被除数,相除所得的结果即为正南方太阳直射之处到南边标杆的距离。以太阳直射之处到南边标杆的距离为"勾",以太阳的高度为"股",求"弦"长,即得太阳到人的距离。然后取直径为 1 寸的竹筒向南观望太阳,(选取合适长度的竹筒)使得筒孔恰好被太阳所填满。那么设竹筒的长度为"股率",筒的直径为"勾率",太阳到人的距离

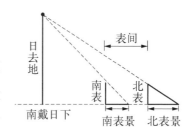

为"大股",此时"大股"所对应的"勾"长即为太阳的直径。如此,天穹之

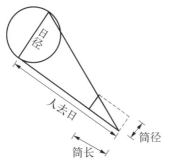

上的天象尚且可以度量,更何况泰山之高和江海之广呢? 我以如今的史志书籍,再略举一些自然天地中的事物,考查论证它们的数量关系写成文章,来阐发世间算学之美妙。于是创作《重差》一篇,并作注解,探究古人的本意,补充在《九章算术》的"勾股"卷之后。测量高度用两次标杆,那么测量深度可以用两次矩尺;若所测之物孤立无直接参照,则需要测三次;若对孤立物尚要解决其他问题,就需要测四次。如此触类旁通,即使所求深远隐蔽,也没有不能测算的。博学君子,还请仔细审读。

卷一　方田

方　　田〔壹〕

〔壹〕以御田畴界域。

注解

"方田"一卷，用来计算多种形状的土地面积。

【一】今有田广十五步，从十六步。问：为田几何？答曰：一亩。

【二】又有田广十二步，从十四步。问：为田几何？答曰：一百六十八步〔贰〕。

方田术曰：广从步数相乘得积步〔叁〕。以亩法二百四十步除之，即亩数。百亩为一顷。

〔贰〕图：从十四，广十二。

〔叁〕此积谓田幂。凡广从相乘谓之幂。

原文翻译

【1】现有长方形田,宽15步,长16步。问:田的面积是多少? 答:1亩。

【2】又有长方形田,宽12步,长14步。问:田的面积是多少? 答:168(平方)步。(如图1-1)

方田算法:(长方形)长宽相乘即得面积。以(平方)步数除以240,就得到亩数。100亩为1顷。

图1-1

注解

本章主要介绍各种平面图形的面积计算算法,以及由土地测量、单位换算所产生的分数运算法。作为《九章算术》开篇,必须要说明的是,中国古代算学的传统,是用典型例题的解法来说明一系列类似问题的通用算法。这一方面是为了和现实生产生活结合得更加紧密,一方面也是因为古代数学缺乏抽象的记号表述。但是,这并不意味着中国古代数学只有具体的问题而没有抽象或者一般性的思考以及严格的证明,我们在之后的阅读中会逐渐体会到这一点。另外,也切不可将《九章算术》视为一本简单的古代数学"习题集",除了题目的解法以外,理解各部分例题所描述的对象、处理的问题之间的逻辑关联也是必不可少的。

刘徽将田的面积称为"田幂",更一般地,长和宽相乘称为"幂"。以除数240除积步数,就得到亩数。古代也用"积"表示数字的乘积,但是刘徽在处理面积、体积相关问题时严格区分了两者,他用"幂"指代面积,而用"积"指代体积或其他多个数相乘的结果,这在之后的"少广""商功"等卷中体现得尤为明显。刘徽治学之严谨由此亦可见一斑。

【三】今有田广一里,从一里。问:为田几何?答曰:三顷七十五亩。

【四】又有田广二里，从三里。问：为田几何？答曰：二十二顷五十亩。

里田术曰：广从里数相乘得积里。以三百七十五乘之，即亩数[肆]。

〔肆〕按：此术广从里数相乘得积里。方里之中有三顷七十五亩，故以乘之，即得亩数也。

原文翻译

【3】现有长方形田，宽1里，长1里，问：田的面积是多少？答：3顷75亩。

【4】又有长方形田，宽2里，长3里，问：田的面积是多少？答：22顷50亩。

里田算法：宽和长的里数相乘，就得到以里为单位的面积，再乘375就得到亩数。

注解

秦汉时期测地用基本长度单位"步"，300步为1"里"。中国古代对边长为1步或1里的单位正方形的面积仍用1步或1里表示，即并不严格区分长度单位和面积单位。本书在必要时采取"（平方）步"的写法。而作为面积单位，240（平方）步为1亩，100亩为1顷，【3】中实际上给出了（平方）里和亩之间的换算。由于中国古代对长度、面积和体积单位没有作严格区分，因此阅读中国古代算书需要根据题意，作出判断。

【五】今有十八分之十二，问：约之得几何？答曰：三分之二。

【六】又有九十一分之四十九，问：约之得几何？答曰：十三分之七。

约分[伍]术曰：可半者半之；不可半者，副置分母、子之数，以少减多，更相减损，求其等也。以等数约之[陆]。

〔伍〕按：约分者，物之数量，不可悉全，必以分言之；分之为数，繁则难用。设有四分之二者，繁而言之，亦可为八分之四；约而言之，则二分之一也。虽则异辞，至于为数，亦同归尔。法实相推，动有参差，故为术者先治诸分。

〔陆〕等数约之，即除也。其所以相减者，皆等数之重叠，故以等数约之。

原文翻译

【5】现有分数 $\frac{12}{18}$，问：约分是多少？答：$\frac{2}{3}$。

【6】又有分数 $\frac{49}{91}$，问：约分是多少？答：$\frac{7}{13}$。

约分算法：若分子、分母都是偶数，先用 2 约分。待到分母、分子不同奇偶，将分母、分子列于一边，用大数减小数，辗转相减，求得最大公约数。然后用最大公约数约分。

注解

对中国古代算术而言，分数亦来源于实际生产生活，前面【3】【4】中的单位换算即是来源之一，所以《九章算术》紧接在里田算法之后便介绍了分数的相关计算。需要指出的是，在中国古代数学中，分数本身便是

"数",而非如西方数学那样来源于"比值"的概念。这是因为中国古代对"数"的概念采取相当"实用主义"的态度:既然"物之数量,不可悉全,必以分言之",那么分数作为"数",又有什么问题呢?尽管如此,从刘徽注亦可见中国古代能够准确地把握和区分抽象的"分数"概念和具体的分数"表达方式"。刘徽在此处举了 $\frac{2}{4}$ 的例子,说明虽然 $\frac{2}{4}$,$\frac{4}{8}$,$\frac{1}{2}$ 的表达("辞")不同,但作为"数",是同一个。此处的"更相减损"求"等数"即是现在用辗转相除法求最大公约数的原型。其具体做法是,给定两数,先比较两数大小,用较大数减去较小数所得的差替换两数中的较大数,再重新比较大小。如此反复相减,直到两数相等,便得到了"等数",这个等数便是最初两数的最大公约数。更相减损的等数求法很好地体现了中国古代数学工具化或者机械化的特点,即哪怕使用者完全不理解算法,只要按照步骤操作,也可得到所需的结果。这和今天的计算机程序思想不谋而合。更相减损的算法也体现了中国古代数学对除法的理解。中国古代认为乘法来源于加法,将相同的数反复相加多次即为乘法。同样,除法来源于减法:从大数中反复减去同一个小数,直到剩下的部分不足以再减一次,这样反复做减法的次数就是商,而剩下的部分便是余数。刘徽说:"等数约之,即除也。"事实上,从对除法的这种理解很容易得到更相减损求等数的原理。假设从大数中反复减去小数,最终能得到等数(即没有余数),那么大数显然即是小数的"重叠"。若存在余数,那么此时大数已经被分为若干份小数和一份余数,其中余数小于小数。如果小数又是余数的重叠的话,那么大数和小数便都是余数的重叠了。要验证小数是否是余数的重叠,则用同样的方法,用小数反复减去余数,看是否会得到新的余数。如此,便得到了更相减损算法的操作。因为每一次得到的余数都会严格递减,所以经过有限多次后,必然会得到零,此时最后相减的两数相等,即为所求的等数。此时,算法中每一步得到的减数和被减数都是等数的重叠,特别地,最初的大数和小数也是等数的重叠,而等数也必是满足这一条件的最大数,用今天的术语,即是最初两数的最大公约数。以【6】为例,可如图 1－2 计算。

| 子 | 49 | 49 | 7 | ... | 7 | 7 |
| 母 | 91 | 42 | 42 | | 7 | 0 |

图 1－2

【七】今有三分之一,五分之二,问:合之得几何? 答曰:得十五分之十一。

【八】又有三分之二,七分之四,九分之五,问:合之得几何? 答曰:得一、六十三分之五十。

【九】又有二分之一,三分之二,四分之三,五分之四,问:合之得几何? 答曰:得二、六十分之四十三。

合分术曰: 母互乘子,并以为实。母相乘为法[柒]。实如法而一。不满法者,以法命之[捌]。其母同者,直相从之。

[柒] 母互乘子。约而言之者,其分粗;繁而言之者,其分细。虽则粗细有殊,然其实一也。众分错杂,非细不会。乘而散之,所以通之。通之则可并也。凡母互乘子谓之齐,群母相乘谓之同。同者,相与通同,共一母也;齐者,子与母齐,势不可失本数也。方以类聚,物以群分。数同类者无远;数异类者无近。远而通体者,虽异位而相从也;近而殊形者,虽同列而相违

也。然则齐同之术要矣：错综度数,动之斯谐,其犹佩觿(xī)解结,无往而不理焉。乘以散之,约以聚之,齐同以通之,此其算之纲纪乎? 其一术者,可令母除为率,率乘子为齐。

〔捌〕今欲求其实,故齐其子,又同其母,令如母而一。其余以等数约之,即得知,所谓同法为母,实余为子,皆从此例。

原文翻译

【7】现有 $\frac{1}{3}$,$\frac{2}{5}$,问：求和是多少? 答：$\frac{11}{15}$。

【8】又有 $\frac{2}{3}$,$\frac{4}{7}$,$\frac{5}{9}$,问：求和是多少? 答：$1\frac{50}{63}$。

【9】又有 $\frac{1}{2}$,$\frac{2}{3}$,$\frac{3}{4}$,$\frac{4}{5}$,问：求和是多少? 答：$2\frac{43}{60}$。

合分算法,即分数求和算法：用每个分子和其他的分母相乘,所得的积求和作为"实",所有分母相乘作为"法"。用"法"作为除数去除被除数"实",以其整数倍数作为结果的整数部分,除不尽的余数(不满法者)作分子,以"法"作分母,作为结果的分数部分。如果分母都一样的话,直接将分子相加。

注解

《九章算术》中分数求和的方法与现在熟悉的通分求和是一致的。刘徽在注中解释了对这种算法的理解：分数的分母代表了(事物)所分基本单位的粗细,分母不同的分数因为所分基本单位的粗细不同便不能直接相加,必须采用更细(共同粗细)的分法,即是以分母相乘为"法"(通分)。"法"在中国古代算术中作分母、除数的意思,但是这两个意思都是由"衡量标准、法度"的意思衍生而来。所以"母相乘为法"便可以理解为

"分母相乘作为共同的粗细标准"。之后的"实如法而一"是古代算数书中常用句式,应解释为,以"法"去量"实",每量得一次便取1,而后不到一个标准(不满法)的,定义为以"法"为分母的分数。

由于中国古代自然地将分数理解为数,因此势必要处理分数的四则运算。刘徽注在此处给出了中国古代分数运算的基本原则,即"齐同原理"。将分数的分母化为相同称为"同",在对分母进行操作时,若分母太小,即单位太粗,则需将分母乘以某数,称之为"散",那么分子要同时乘该数;若分母太大,即单位太细,则需将分母除以某数,称之为"约",那么分子同时除以该数。如此使得分数大小不变,这个过程称为"齐"。此即刘徽所说的"同者,相与通同,共一母也;齐者,子与母齐"。刘徽进一步总结道:"乘以散之,约以聚之,齐同以通之,此其算之纲纪乎?"即以此为算术计算的基本原则。

中国古代的分数往往特指带分数或真分数,而对假分数,经常将分子作为"实",将分母作为"法"而直接理解成"实如法"的过程。这种理解引申出了"比值"或者"率"的意义。"率"是《九章算术》的重要思想概念,将作为《九章算术》的理论核心,贯穿全文。刘徽在注〔壹拾叁〕中给出了"率"的具体定义。我们将全文使用"以'法'除'实'"的说法来表述"实如法而一"。

【一〇】今有九分之八,减其五分之一,问:余几何?答曰:四十五分之三十一。

【一一】又有四分之三,减其三分之一,问:余几何?答曰:十二分之五。

减分术曰:母互乘子,以少减多,余为实。母相乘为法。实如法而一^{〔玖〕}。

〔**玖**〕母互乘子者，以齐其子也。以少减多者，子齐故可相减也。母相乘为法者，同其母也。母同子齐，故如母而一，即得。

原文翻译

【10】现有 $\frac{8}{9}$ ，减去 $\frac{1}{5}$ ，问：剩下多少？答： $\frac{31}{45}$ 。

【11】又有 $\frac{3}{4}$ ，减去 $\frac{1}{3}$ ，问：剩下多少？答： $\frac{5}{12}$ 。

减分算法，即分数相减法：分母与分子交叉相乘，得到的大数减去小数的差作为"实"，分母相乘作为"法"，以"法"除"实"。

注解

刘徽注在此处进一步强调了分数计算中的"齐同原则"：通分将分母化为一致称为"同"，将分子相应地扩大倍数使得分数的值不变，称为"齐"，分子"齐"后，则可以相互加减运算，得到结果后再"如法而一"，即除以公分母。

【一二】今有八分之五，二十五分之十六，问：孰多？多几何？答曰：二十五分之十六多，多二百分之三。

【一三】又有九分之八，七分之六，问：孰多？多几何？答曰：九分之八多，多六十三分之二。

【一四】又有二十一分之八，五十分之十七，问：孰多？多几何？答曰：二十一分之八多，多一千五十分之四十三。

课分术曰：母互乘子，以少减多，余为实。母相乘为法。实如法而一，即相多也。

原文翻译

【12】现有分数 $\frac{5}{8}, \frac{16}{25}$，问：哪个大？大多少？答：$\frac{16}{25}$ 大，大 $\frac{3}{200}$。

【13】又有分数 $\frac{8}{9}, \frac{6}{7}$，问：哪个大？大多少？答：$\frac{8}{9}$ 大，大 $\frac{2}{63}$。

【14】又有分数 $\frac{8}{21}, \frac{17}{50}$，问：哪个大？大多少？答：$\frac{8}{21}$ 大，大 $\frac{43}{1\,050}$。

课分算法，即分数比较法：分母与分子交叉相乘，得到的大数减去小数的差作为"实"。分母相乘作为"法"。以"法"除"实"，得到的便是多出的数。

注解

这一部分比上一部分略进一步，算法完全相同，只是未事先确定两数大小。之所以如此，除了生产中的现实需要外，也是为下面几题的算法作准备。

【一五】今有三分之一，三分之二，四分之三。问：减多益少，各几何而平？答曰：减四分之三者二，三分之二者一，并，以益三分之一，而各平于十二分之七。

【一六】又有二分之一，三分之二，四分之三。问：减多益少，各几何而平？答曰：减三分之二者一，四分之三者四、并，以益二分之一，而各平于三十六分之二十三。

平分术曰：母互乘子〔壹拾〕，副并为平实。母相乘为法〔壹拾壹〕。以列数乘未并者各自为列实。亦以列数乘法〔壹拾贰〕。以平实减列实，余，约之为所减。并所减以益于少。以法命平实，各得其平。

〔壹拾〕齐其子也。

〔壹拾壹〕母相乘为法知，亦齐其子，又同其母。

〔壹拾贰〕此当副置列数除平实，若然则重有分，故反以列数乘同齐。

原文翻译

【15】现有分数 $\frac{1}{3}$，$\frac{2}{3}$ 和 $\frac{3}{4}$，问：从较大的数里减去一些加到较小的数上，使得所得相等，应该怎么做？答：从 $\frac{3}{4}$ 中减去 $\frac{2}{12}$，从 $\frac{2}{3}$ 中减去 $\frac{1}{12}$，再将它们加到 $\frac{1}{3}$ 上，则都等于 $\frac{7}{12}$。

【16】又有分数 $\frac{1}{2}$，$\frac{2}{3}$ 和 $\frac{3}{4}$，问：从较大的数里减去一些加到较小的数上，使得所得相等，应该怎么做？答：从 $\frac{2}{3}$ 中减去 $\frac{1}{36}$，从 $\frac{3}{4}$ 中减去 $\frac{4}{36}$，再将它们加到 $\frac{1}{2}$ 上，则都等于 $\frac{23}{36}$。

平分算法，即分数平均数算法：将每个分数放为一列，用分子和其他列的分母相乘，所得的积乘列数（即分数的个数）称为这一列的"列实"；将每个分子和其他列的分母相乘，所得的积求和作为"平实"，先放在一边；所有分母相乘作为"法"，以列数乘"法"，作为分母备用。用较大的"列实"减去"平实"，所得之差除以分母，就是该较大数该减去的数。将这些差加到较小的"列实"上,那么,各列数的分子都是"平实",再除以分母,就是所求的平均数。

注解

这个简单的算法很好地体现了中国古代数学重视算法和构造的特点,即使掌握了分数加减法,并明确地意识到了求平均数的一般办法,《九章算术》也没有因为已经得到了理论的可行性而放弃对具体算法的构造。这一方面和刘徽在序中所说的"至于以法相传,亦犹规矩度量可得而共,非特难为也"的工具思想是一致的,另一方面也体现了中国古代筹算的特点。事实上,在此处的计算中有将分数的分子、分母分开,排成一列,再将多个分数置为几列(古代算法将"一列"称为"一行",在接下去的讨论中,除非必要,我们将不再特意区分"列"与"行"),对分子、分母分别处理的操作。这也许会使现代读者感到费解和困难,但在筹算中,这样的操作容易做到,而强行进行分数的整体计算反而是困难的。另外,算法中避免繁分数的办法是进一步"扩大分母",即刘徽注〔柒〕中的"乘以散之",亦即是下一段刘徽注〔壹拾叁〕中"有分则可散"的"散",可见其在数学思想上的一致性。图1-3以【16】为例,进行了计算。

子	母	列实	列平实差	所求
1	2	1×3×4 ×3 =36	少10	$\dfrac{10}{72}$
2	3	2×2×4 ×3 =48	2	$\dfrac{2}{72}$
3	4	3×2×3 ×3 =54	8	$\dfrac{8}{72}$

法	平实
2×3×4=24	1×3×4+2× 2×4+3×2×3 =46
3法=72	

图 1-3

【一七】今有七人,分八钱三分钱之一。问:人得几何?答曰:人得一钱二十一分钱之四。

【一八】又有三人三分人之一,分六钱三分钱之一、四分钱之三。问:人得几何?答曰:人得二钱八分钱之一。

经分术曰:以人数为法,钱数为实,实如法而一。有分者通之〔壹拾叁〕。重有分者同而通之〔壹拾肆〕。

〔壹拾叁〕母互乘子者,齐其子;母相乘者,同其母。以母通之者,分母乘全内子。乘全则散为积分,积分则与子相通,故可令相从。凡数相与者谓之率。率者,自相与通。有分则可散,分重叠则约也;等除法实,相与率也。故散分者,必令两分母相乘法实也。

〔壹拾肆〕又以法分母乘实,实分母乘法。此谓法、实俱有分,故令分母各乘全分内子,又令分母互乘上下。

原文翻译

【17】现有 7 人,分 8 $\frac{1}{3}$ 钱,问:每人分到多少钱?答:每人得 1 $\frac{4}{21}$ 钱。

【18】又有 3 $\frac{1}{3}$ 人,分 6 $\frac{1}{3}$ + $\frac{3}{4}$ 钱,问:每人分到多少钱?答:每人得 2 $\frac{1}{8}$ 钱。

经分算法,即分数除法:以人数为"法",钱数为"实","法"除"实"。

要是有分数的话,先通分。要是有繁分数的话,也要先通分。

注解

　　因为刘徽在这一段注中借助对分数除法的说明给出了"率"的定义,所以这一段刘徽注一直广受关注。刘徽首先强调了两个分数的通分办法,也就是分数除法的第一步:"母互乘子者齐其子,母相乘者同其母",这与我们现在的通分方法当然是一样的。此处的思想关键是后半句,继承前注〔柒〕,分母代表事物所分的粗细,只有"同其母",即每一分的单位粗细相同,"母互乘子"之后新的分子才可以对"齐"比较。后面"乘全则散为积分,积分则与分子相通,故可令相从"说的是将带分数化作假分数,也是从另一个角度利用了这一思想:这里的"全"指现代带分数记号中的整数部分,想要令"全"也参与计算,必须将"全"根据分母分解,看成许多分的集合,即"积分",然后才能和分子"相从"。此处化整为分,化粗为细,称为散。当积分与分子相通且相从后,带分数就化为实与法的比值。完成这一步后,如何理解两个分数的除法呢? 刘徽将"分"的概念推广到"率",并用"率"来解释分数的除法。他定义:"数相与者谓之率","相与"者,交互涉及相关。若二者相与,则一者必随另一者之变化而变化,《易经·咸》中说:"柔上而刚下,二者感应以相与。"譬如作为分数,以分子为"实",分母为"法",要使分数值不变,分子必须随分母"散"或"约"以满足齐同,所以刘徽注〔柒〕中会说"令母除为率"(简单地说,即分子、分母同乘非零数,分数不变)。而作为"率",此时相与的两数可以为分数,所以刘徽所阐述的"率",便是满足类似分数的齐同性质的两个数,这样,就将两个分数相除看作是"率"的关系的化简,即由两个整数相与来给出同一个"率",而这同时也是一个分数。具体怎么做呢? 他说:"率者,自相与通。"

"相与"即意味着可以"齐同"。所以后面一句"有分则可散,分重叠则约"讲的就是如何具体地用"齐同"的方法来"通"率:两分数相与,可以将粗的分数单位散为细的,从而使得两分数的分母相同;这样两个分数便都是同样单位的分的重叠,就可以约分。"约"字在这里语境下应该作"缠束、套"解,即将几个"细"的单位合成一个"粗"的单位。那么怎么"约"呢? 刘徽说,"等除法实,相与率也","等"即是刘徽注〔捌〕中的等数,在这里也就是相与两分数的公共单位。由于在第一步中我们已经将两分数通分,这里的公共单位即是以两分母相乘为粗细的单位,所以这里的"约"就"必令两分母相乘法实也",即用分母的乘积同时乘以除数与被除数。

　　"率"是《九章算术》中最重要的概念之一。简短回顾"方田"卷到此处的内容,我们可以整理出一条相对清晰的概念路径:由于生活中的数量不一定是整数,于是产生了分数的概念,不同的分数间需要比较和作加减法,于是发展了"齐同"思想,使得取值相同的分数的不同表达可以"相通"。而为了理解分数的除法,将可以在"散"或"约"的操作下满足"齐同"的两个数之间的关系称为"相与",一对"相与"的数称为"率"。所以,"率"可以被粗略地理解为比值,或者更准确地被理解为正比例数量关系。《九章算术》的主线之一即是随着处理问题的不断复杂深入而对"率"的概念和应用进行不断地发展和深挖,直到发展出一套类似于现代数学利用向量来处理线性问题的办法。

　　【一九】今有田广七分步之四,从五分步之三,问:为田几何? 答曰:三十五分步之十二。

　　【二〇】又有田广九分步之七,从十一分步之九,问:为田几何？答曰：十一分步之七。

【二一】又有田广五分步之四，从九分步之五，问：为田几何？答曰：九分步之四。

乘分术曰：母相乘为法，子相乘为实，实如法而一[壹拾伍]。

〔壹拾伍〕凡实不满法者而有母、子之名。若有分，以乘其实而长之，则亦满法，乃为全耳。又以子有所乘，故母当报除。报除者，实如法而一也。今子相乘则母各当报除，因令分母相乘而连除也。此田有广从，难以广谕。设有问者曰：马二十匹，直金十二斤。今卖马二十匹，三十五人分之，人得几何？答曰：三十五分斤之十二。其为之也，当如经分术，以十二斤金为实，三十五人为法。设更言马五匹，直金三斤。今卖马四匹，七人分之，人得几何？答曰：人得三十五分斤之十二。其为之也，当齐其金、人之数，皆合初问入于经分矣。然则分子相乘为实者，犹齐其金也；母相乘为法者，犹齐其人也。同其母为二十，马无事于同，但欲求齐而已。又，马五匹，直金三斤，完全之率；分而言之，则为一匹直金五分斤之三。七人卖四马，一人卖七分马之四。金与人交互相生。所从言之异，而计数则三术同归也。

原文翻译

【19】现有长方形田，宽$\frac{4}{7}$步，长$\frac{3}{5}$步，问：田的面积是多少？答：$\frac{12}{35}$（平方）步。

【20】又有长方形田,宽 $\dfrac{7}{9}$ 步,长 $\dfrac{9}{11}$ 步,问:田的面积是多少? 答:

$\dfrac{7}{11}$(平方)步。

【21】又有长方形田,宽 $\dfrac{4}{5}$ 步,长 $\dfrac{5}{9}$ 步,问:田的面积是多少? 答:

$\dfrac{4}{9}$(平方)步。

乘分算法,即分数乘法:分母相乘作为“法”,分子相乘作为“实”,以“法”除“实”。

注解

刘徽在这一部分的注释中进一步阐述了他对分数乘法的理解。他认为之所以产生了分数,是因为“实”不到一个“法”的标准的缘故,所以对一个分数的分子乘一个数,使其成为“法”的倍数,分数就可以化为整数进行计算。但是仍需确保最后分数值不变,所以完成计算后要整体除以同样的数。具体到分数的乘法,可以理解为先对每个分数乘分母,化为整数乘法,然后将结果对分母的乘积整体做除法,按现代数学的算式,即是有:

$$\frac{b}{a} \times \frac{d}{c} = \left(\frac{b}{a} \times a\right) \times \left(\frac{d}{c} \times c\right) \div (a \times c) = \frac{b \times d}{a \times c}。$$

按现代数学形式化的眼光来看,刘徽的这段论述通过分数定义将整数乘法推广为分数乘法,已经相当抽象与完备。但按中国古代数学传统,这样抽象的说理可能并不算是十分充分的论证,其原因在于,原题设中的分数为长方形田地的长和宽,对其分子、分母所进行的先乘后除的运算很难看出现实中的实际意义,这样就违背了中国古代数学“题—术—理”的逻辑传统。所以刘徽才会说:“此田有广从,难以广谕”,并给出了另一个买马分金的例题。其题设如下：假设 5 匹马值金 3 斤，现有 7 人共卖马 4 匹，问：一人得多少金？刘徽说，从三个不同的角度来看待这个问题，应该计算得到相同的结果。一种看法是：5 匹马值金 3 斤，那么 20 匹马值金 12 斤，同理，7 人共卖马 4 匹，那么 35 人共卖马 20 匹。此时两组关系马的数量相同，相当于 35 人分金 12 斤，所以用经分算法，每人得金 $\frac{12}{35}$ 斤。第二种看法是上一种看法的引申，将给定的两组关系分别看作金与马的率：实 3 法 5，和人与马的率：实 7 法 4。在上一种算法中，令两组给定的关系中的马数同为 20，只是为了建立人数和金斤数的关系，用"率"的概念来解释，就是为了使两组率中的实"相齐"，而和马的数量 20 并无关系。根据之前提到的"齐同"思想，要使实相齐，做法是先令法相乘同其母，然后实再各自乘以相应的倍数（即另一组率的法）。既然我们不必关心"齐同"后的公分母，便只需考虑相齐的人数 $3 \times 4 = 12$ 和相齐的金数 $7 \times 5 = 35$。两者相除即为所求。最后还有一种看法是：5 匹马值金 3 斤，那么 1 匹马值金 $\frac{3}{5}$ 斤，同理，一人卖马 $\frac{4}{7}$ 匹，所以一人应得金 $\frac{3}{5} \times \frac{4}{7}$ 斤。比较后两种算法，即有 $\frac{3}{5} \times \frac{4}{7} = \frac{3 \times 4}{5 \times 7}$。

　　刘徽的这一段注非常重要，它不但体现了"题—术—理"系统在中国古代数学理论论述中的中心地位，也说明了中国古代数学并非没有抽象的理论和推理。率的概念在这一段论述中的应用方式，也将在《九章算术》的其他场合中反复出现。

【二二】今有田广三步三分步之一，从五步五分步之二，问：为田几何？答曰：十八步。

【二三】又有田广七步四分步之三,从十五步九分步之五,问:为田几何?答曰:一百二十步九分步之五。

【二四】又有田广十八步七分步之五,从二十三步十一分步之六,问:为田几何?答曰:一亩二百步十一分步之七。

大广田术曰:分母各乘其全,分子从之[壹拾陆],相乘为实。分母相乘为法[壹拾柒]。实如法而一[壹拾捌]。

〔壹拾陆〕分母各乘其全,分子从之者,通全步内分子。如此则母、子皆为实矣。

〔壹拾柒〕犹乘分也。

〔壹拾捌〕今为术广从俱有分,当各自通其分。命母入者,还须出之,故令分母相乘为法而连除之。

原文翻译

【22】现有长方形田,宽 $3\frac{1}{3}$ 步,长 $5\frac{2}{5}$ 步,问:田的面积是多少?

答:18(平方)步。

【23】又有长方形田,宽 $7\frac{3}{4}$ 步,长 $15\frac{5}{9}$ 步,问:田的面积是多少?

答:$120\frac{5}{9}$(平方)步。

【24】又有长方形田,宽 $18\frac{5}{7}$ 步,长 $23\frac{6}{11}$ 步,问:田的面积是多少?

答:1 亩又 $200\frac{7}{11}$(平方)步。

大广田算法,即带分数乘法:分母各自乘整数部分,再加上分子,所得相乘作为"实",分母相乘作为"法",以"法"除"实"。

注解

筹算【22】如图 1－4：

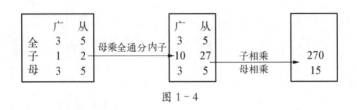

图 1－4

【二五】今有圭田广十二步,正从二十一步,问:为田几何?
答曰:一百二十六步。

【二六】又有圭田广五步二分步之一,从八步三分步之二,
问:为田几何?答曰:二十三步六分步之五。

术曰:半广以乘正从〔壹拾玖〕。

〔壹拾玖〕半广者,以盈补虚为直田也。亦可半正从以乘广。

按:半广乘从,以取中平之数,故广从相乘为积步。亩法除之,即得也。

原文翻译

【25】现有等腰三角形田,底宽 12 步,(底边上的)高 21 步,问:田的
面积是多少?答:126(平方)步。

【26】又有等腰三角形田,底宽 $5\frac{1}{2}$ 步,高 $8\frac{2}{3}$ 步,问:田的面积是多

少?答: $23\frac{5}{6}$ (平方)步。

等腰三角形面积算法：底的二分之一乘高。

注解

从这一题开始，"方田"卷开始讨论其他较不规则的几何图形面积，其基本思路来自刘徽的"以盈补虚"思想，即今天所谓的"割补法"。刘徽在这里给出了两种"以盈补虚"的几何思路，如图1-5。"以盈补虚"的思想将贯穿整本《九章算术》，是《九章算术》常用的思想方法之一。

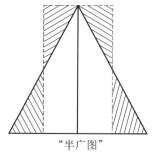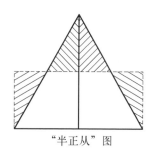

"半广图"　　　　　　　　　"半正从"图

图1-5

【二七】今有邪田，一头广三十步，一头广四十二步，正从六十四步。问：为田几何？答曰：九亩一百四十四步。

【二八】又有邪田，正广六十五步，一畔从一百步，一畔从七十二步。问：为田几何？答曰：二十三亩七十步。

术曰：并两广若袤而半之，以乘正从若广。又可半正从若广，以乘并。亩法而一〔贰拾〕。

〔**贰拾**〕并而半之者，以盈补虚也。

原文翻译

【27】现有直角梯形田，上头底宽 30 步，下头底宽 42 步，高 64 步，问：田的面积是多少？答：9 亩 144（平方）步。

【28】又有直角梯形田，高 65 步，左边底宽 100 步，右边底宽 72 步，问：田的面积是多少？答：23 亩 70（平方）步。

直角梯形算法：根据"以盈补虚"的方式不同，可以取上、下底之和的一半乘高，或者高的一半乘上、下底之和，将所得按每亩 240 步换算，即得田亩数。

注解

此处的"邪"即"斜"，与"正"相对。所以由"正从""正广"的说法可知所讨论的是直角梯形。古代一般用"头"指上下侧，而用"畔"指左右侧。

【二九】今有箕田，舌广二十步，踵广五步，正从三十步，问：为田几何？答曰：一亩一百三十五步。

【三〇】又有箕田，舌广一百一十七步，踵广五十步，正从一百三十五步，问：为田几何？答曰：四十六亩二百三十二步半。

术曰：并踵、舌而半之，以乘正从。亩法而一〔贰拾壹〕。

〔贰拾壹〕中分箕田则为两邪田，故其术相似。又可并踵、舌，半正从，以乘之。

原文翻译

【29】现有梯形田，长底边 20 步，短底边 5 步，高 30 步，问：田的面

积是多少？答：1 亩 135（平方）步。

【30】又有梯形田，长底边 117 步，短底边 50 步，高 135 步，问：田的面积是多少？答：46 亩 232 $\frac{1}{2}$（平方）步。

梯形面积算法：上、下底之和的一半乘高，再按每亩 240（平方）步换算，即得田亩数。

注解

所谓"箕田"即形如簸箕的梯形田，"舌"指长底边，"踵"指短底边。由刘徽注释中的"中分箕田则为两邪田"，此处可理解为等腰梯形，但按照"以盈补虚"的方法推导，这里的公式对一般的梯形也成立。感兴趣的读者可以自行尝试。

【三一】今有圆田，周三十步，径十步。问：为田几何？答曰：七十五步〔贰拾贰〕。

【三二】又有圆田，周一百八十一步，径六十步三分步之一。问：为田几何？答曰：十一亩九十步十二分步之一〔贰拾叁〕。

术曰：半周半径相乘得积步〔贰拾肆〕。

又术曰：周、径相乘，四而一〔贰拾伍〕。

又术曰：径自相乘，三之，四而一〔贰拾陆〕。

又术曰：周自相乘，十二而一〔贰拾柒〕。

〔贰拾贰〕此于徽术，当为田七十一步一百五十七分步之一百三。

〔贰拾叁〕此于徽术，当为田十亩二百八步三百一十四分步之一百十三。

〔贰拾肆〕按:半周为从,半径为广,故广从相乘为积步也。假令圆径二尺,圆中容六觚之一面,与圆径之半,其数均等。合径率一而外周率三也。

又按:为图,以六觚之一面乘一弧半径,三之,得十二觚之幂。若又割之,次以十二觚之一面乘一弧之半径,六之,则得二十四觚之幂。割之弥细,所失弥少。割之又割,以至于不可割,则与圆周合体而无所失矣。觚面之外,又有余径。以面乘余径,则幂出觚表。若夫觚之细者,与圆合体,则表无余径。表无余径,则幂不外出矣。以一面乘半径,觚而裁之,每辄自倍。故以半周乘半径而为圆幂。此一周、径,谓至然之数,非"周三径一"之率也。周三者,从其六觚之环耳。以推圆规多少之觉,乃弓之与弦也。然世传此法,莫肯精核;学者踵古,习其谬失。不有明据,辩之斯难。凡物类形象,不圆则方。方圆之率,诚著于近,则虽远可知也。由此言之,其用博矣。谨按图验,更造密率。恐空设法,数昧而难譬,故置诸检括,谨详其记注焉。

割六觚以为十二觚　术曰:置圆径二尺,半之为一尺,即圆里觚之面也。令半径一尺为弦,半面五寸为句,为之求股。以句幂二十五寸减弦幂,余七十五寸,开方除之,下至秒、忽。又一退法,求其微数。微数无名知以为分子,以十为分母,约作五分忽之二。故得股八寸六分六厘二秒五忽五分忽之二。以减半径,余一寸三分三厘九毫七秒四忽五分忽之三,谓之小句。觚之半面又谓之小股。为之求弦。其幂二千六百七十九亿四

千九百一十九万三千四百四十五忽，余分弃之。开方除之，即
十二觚之一面也。

　　割十二觚以为二十四觚　术曰：亦令半径为弦，半面为句，
为之求股。置上小弦幂，四而一，得六百六十九亿八千七百二
十九万八千三百六十一忽，余分弃之，即句幂也。以减弦幂，其
余开方除之，得股九寸六分五厘九毫二秒五忽五分忽之四。以
减半径，余三分四厘七秒四忽五分忽之一，谓之小句。觚之半
面又谓之小股。为之求小弦。其幂六百八十一亿四千八百三
十四万九千四百六十六忽，余分弃之。开方除之，即二十四觚
之一面也。

　　割二十四觚以为四十八觚　术曰：亦令半径为弦，半面为
句，为之求股。置上小弦幂，四而一，得一百七十亿三千七百八
万七千三百六十六忽，余分弃之，即句幂也。以减弦幂，其余，
开方除之，得股九寸九分一厘四毫四秒四忽五分忽之四。以减
半径，余八厘五毫五秒五忽五分忽之一，谓之小句。觚之半面
又谓之小股。为之求小弦。其幂一百七十一亿一千二十七万
八千八百一十三忽，余分弃之。开方除之，得小弦一寸三分八
毫六忽，余分弃之，即四十八觚之一面。以半径一尺乘之，又以
二十四乘之，得幂三万一千三百九十三亿四千四百万忽。以百
亿除之，得幂三百一十三寸六百二十五分寸之五百八十四，即
九十六觚之幂也。

　　割四十八觚以为九十六觚　术曰：亦令半径为弦，半面为

句,为之求股。置次上弦幂,四而一,得四十二亿七千七百五十六万九千七百三忽,余分弃之,即句幂也。以减弦幂,其余,开方除之,得股九寸九分七厘八毫五秒八忽十分忽之九。以减半径,余二厘一毫四秒一忽十分忽之一,谓之小句。觚之半面又谓之小股。为之求小弦。其幂四十二亿八千二百一十五万四千一十二忽,余分弃之。开方除之,得小弦六分五厘四毫三秒八忽,余分弃之,即九十六觚之一面。以半径一尺乘之,又以四十八乘之,得幂三万一千四百一十亿二千四百万忽,以百亿除之,得幂三百一十四寸六百二十五分寸之六十四,即一百九十二觚之幂也。以九十六觚之幂减之,余六百二十五分寸之一百五,谓之差幂。倍之,为分寸之二百一十,即九十六觚之外弧田九十六所,谓以弦乘矢之凡幂也。加此幂于九十六觚之幂,得三百一十四寸六百二十五分寸之一百六十九,则出圆之表矣。故还就一百九十二觚之全幂三百一十四寸以为圆幂之定率而弃其余分。以半径一尺除圆幂,倍之,得六尺二寸八分,即周数。令径自乘为方幂四百寸,与圆幂相折,圆幂得一百五十七为率,方幂得二百为率。方幂二百其中容圆幂一百五十七也。圆率犹为微少。案:弧田图令方中容圆,圆中容方,内方合外方之半。然则圆幂一百五十七,其中容方幂一百也。又令径二尺与周六尺二寸八分相约,周得一百五十七,径得五十,则其相与之率也。周率犹为微少也。晋武库中汉时王莽作铜斛,其铭曰：律嘉量斛，内方尺而圆其外，庑旁九厘五毫，幂一百六十二寸，深一尺，积一千六百二十寸，容十斗。以此术求之，得幂一百六十一寸有奇，其数相近矣。此术微少。而觚差幂六百二十五分寸之一百五。以一百九十二觚之幂为率消息，当取此分寸之三十六，以增于一百九十二觚之幂，以为圆幂，三百一十四寸二十五分寸之四。置径自乘之方幂四百寸，令与圆幂通相约，圆幂三千九百二十七，方幂得五千，是为率。方幂五千中容圆幂三千九百二十七；圆幂三千九百二十七中容方幂二千五百也。以半径一尺除圆幂三百一十四寸二十五分寸之四，倍之，得六尺二寸八分二十五分分之八，即周数也。全径二尺与周数通相约，径得一千二百五十，周得三千九百二十七，即其相与之率。若此者，盖尽其纤微矣。举而用之，上法仍约耳。当求一千五百三十六觚之一面，得三千七十二觚之幂，而裁其微分，数亦宜然，重其验耳。

〔贰拾伍〕此周与上觚同耳。周、径相乘，各当一半。而今周、径两全，故两母相乘为四，以报除之。于徽术，以五十乘周，一百五十七而一，即径也。以一百五十七乘径，五十而一，即周也。新术径率犹当微少。据周以求径，则失之长；据径以求周，则失之短。诸据见径以求幂者，皆失之于微少；据周以求幂者，皆失之于微多。

〔贰拾陆〕按：圆径自乘为外方，三之，四而一者，是为圆居外方四分之三也。若令六觚之一面乘半径，其幂即外方四分之一也。因而三之，即亦居外方四分之三也。是为圆里十二觚之幂耳。取以为圆，失之于微少。于徽新术，当径自乘，又以一百五十七乘之，二百而一。

〔贰拾柒〕六觚之周，其于圆径，三与一也。故六觚之周自相乘为幂，若圆径自乘者九方。九方凡为十二觚者十有二，故曰十二而一，即十二觚之幂也。今此令周自乘，非但若为圆径自乘者九方而已。然则十二而一，所得又非十二觚之幂也。若欲以为圆幂，失之于多矣。以六觚之周，十二而一可也。于徽新术，直令圆周自乘，又以二十五乘之，三百一十四而一，得圆幂。其率：二十五者，周幂也；三百一十四者，周自乘之幂也。置周数六尺二寸八分，令自乘，得幂三十九万四千三百八十四分。又置圆幂三万一千四百分。皆以一千二百五十六约之，得此率。

原文翻译

【31】现有圆形田，周长 30 步，直径 10 步，问：田的面积是多少？答：75（平方）步。

【32】又有圆形田，周长 181 步，直径 $60\frac{1}{3}$ 步，问：田的面积是多少？答：11 亩 $90\frac{1}{12}$（平方）步。

圆形面积算法一：周长的一半乘半径就是圆形田的面积。

算法二：周长乘直径，再取其四分之一。

算法三：直径乘直径，再乘3，然后再取其四分之一。

算法四：周长乘周长，再取其十二分之一。

注解

《九章算术》中对圆形的周长直径比，即圆周率，都采用"周三径一"的说法，但古人知道这并不是圆周率的准确值。所以《九章算术》中在进行圆面积计算时经常会同时给出周长和直径两个条件，它们都是可以直接测量的。《九章算术》给出的前两个圆面积算法得到的都是基于测量的准确值，其中规避了圆周率的使用。事实上，刘徽已经计算出圆周率的值在 3.141 和 3.142 之间，并且给出了 $\frac{157}{50}$（即我们今天常用的 3.14）和 $\frac{3\,927}{1\,250}$（约 3.141\,6）两个近似使用值。刘徽注的重要价值之一即是在此处细致介绍了其求取圆周率的思想和方法。

刘徽回顾了"周三径一"这一近似的来源，认为来自圆内接正六边形周长对圆周长的近似，如图 1-6。

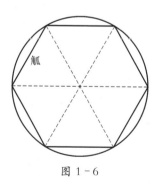

图 1-6

图 1-7

将圆内接正多边形的边称为觚，图中的正六边形被分为 6 个全等的正三角形，于是圆直径为 2 倍的觚长，圆周长则近似为内接正六边形的周长,即 6 倍的舷长,所以两者长度比近似为 1 : 3。取舷的中点,连接其和圆心。所得线段即为正三角形的高,其所在的圆半径将对应的弧平分,从而得到了如图 1-7 的"等形"。圆半径超出正三角形高的部分被称为"余径"。因为余径的存在,用内接多边形的周长来近似圆周长就好比用弓弦的长度来近似弓弧的长度,这当然是不准确的。但是由此却能得到计算圆面积的思路:由以盈补虚法知该等形的面积为舷长的一半乘半径,所以圆的面积近似为正六边形周长的一半乘半径。既然正六边形周长为圆周长的近似,将这个近似中的正六边形周长替换回圆周,就应该得到圆面积,即,圆周长之一半乘半径,也就是算法一。刘徽进一步推广了用圆内接正多边形周长近似圆周长的思路,其突出成就在于两点:第一,指出了继续重复从图 1-6 到图 1-7 的过程,即不断将圆内接正多边形舷上的弦平分,连接圆心和各平分点得到两倍边数的新的圆内接正多边形和更"窄"的等形,所得到的新的余径将越来越短,最终将"割之弥细,所失弥少。割之又割,以至于不可割,则与圆周合体而无所失矣",也就是说如此分割无数次后多边形周长将和圆周重合。如图 1-8。第二,说明了用内外夹逼的方法可以证明这一收敛过程。对于第一条,前人的讨论已经很完备,事实上第二条也非常值得研究。刘徽说"所失弥少",无论如何,总是有"所失",所以刘徽清楚图 1-8 给出的弦割图事实上是用圆内接正多

图 1-8

图 1-9

边形面积给出了圆面积的下界。另一方面，刘徽作"幂出弧表"图，如图 1-9，他说"弧面之外，又有余径。以面乘余径，则幂出弧表"，即是在圆内接正多边形的每一条弧上，以弧上的余径为宽，作弧上对应弧的外接长方形，得到一个"齿轮"状的图形。每对圆的内接正多边形作一次分割，便得到一个新的内接正多边形和一个新的包含圆的"幂出弧表"图形，前者给出圆面积的一个下界，后者给出圆面积的一个上界。

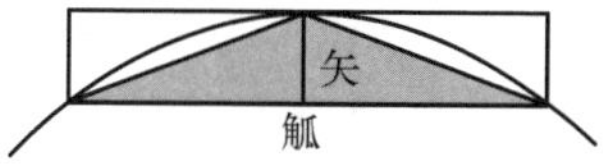

图 1-10

在每一条弧上，图 1-9 的局部便是刘徽给出的弧田图，如图 1-10。他进一步断言"若夫弧之细者，与圆合体，则表无余径，表无余径，则幂不外出"。即是说当圆的内接正多边形的边数越来越多，弧长越来越小，直到极限时，余径将等于零，而"幂出弧表"的这个图形的面积将不大于圆的面积。若用今天的微积分知识，这就是断言圆形的面积是这些"幂出弧表"的图形的面积的下确界！

具体如何计算圆周率呢？我们记如图 1-8 所得到的圆内接正 n 边形的周长为 C_n，面积为 A_n，将其再进一步分割时，便得到圆的一个内接正 $2n$ 边形，它的周长是 C_{2n}，面积是 A_{2n}。我们将如图 1-9 所得到的内接正 n 边形上的"出弧表"图形的面积记作 B_n，将图 1-10 中弧上的矢长记作 l_n。刘徽指出："令方中容圆，圆中容方，内方合外方之半"，即是考虑圆面积上界 B_n 与下界 A_{2n} 的差，也就是图 1-9 中阴影部分的面积。我们将其记作 S_{2n}。由图 1-8，可以得出

$$S_{2n} = A_{2n} - A_n,$$

而由图 1-10，又可以得到：

$$S_{2n} = \frac{1}{2} C_n \times l_n.$$

接下来,刘徽对半径为 1 尺的圆内接正十二边形、二十四边形、四十八边形、九十六边形乃至一百九十二边形分别进行了计算,得到前四者觚长和面积的近似值如表 1-1。其中涉及中国古代的长度单位为:1 尺＝10 寸,1 寸＝10 分,1 分＝10 厘,1 厘＝10 毫,1 毫＝10 丝,1 丝＝10 忽。

表 1-1

正多边形边数	觚长(忽)	面数(平方忽)
12	$\sqrt{267{,}949{,}193{,}445}$	3,105,828,000,000
24	$\sqrt{68{,}148{,}349{,}466}$	3,132,628,000,000
48	$\sqrt{17{,}110{,}278{,}813}$	3,139,350,000,000
96	$\sqrt{4{,}282{,}154{,}012}$	3,141,024,000,000

于是用正一百九十二边形的幂出觚表图形面积得到(以平方寸为单位):

$$314.102\ 4 < 圆面积 < 314.102\ 4 + 2S_{96} = 314\frac{169}{625},$$

从而得到圆周率的估值在 3.14 和 3.141 6 之间。

表 1-1 的计算涉及勾股定理和开平方根的反复运用,两者将分别在"勾股"卷和"少广"卷中介绍。事实上,沿着刘徽的计算,很容易得到一个估计:

$$\frac{S_{2n}}{S_n} < 1,$$

于是今天我们可以严格证明,当 n 趋于无穷时,S_n 的极限是 0,也就是说刘徽的断言成立。感兴趣的读者可以自行验证。

在完成了关于圆周率近似的计算后,刘徽提到了汉代王莽所铸造的标准量器"律嘉量斛"。由铭文记载知道,这是一个深 1 尺,体积为 1 620(立方)寸的圆柱体容器,其圆形底面是一个边长为 1 尺的正方形的外离圆,如图 1-11。其中正方形中心位于圆心,顶点距离底面圆周 9 厘 5 毫,称为庞旁,底面面积为162(平方)寸。

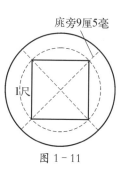

图 1-11

刘徽根据正方形的边长和庞旁,用圆周率 3.14 计算了底面的圆面积,得到的结果略小于 162,而以圆周率 3.141 6 计算,则基本相合。这样,刘徽就以实物验证了其关于圆周率的计算。和刘徽注〔壹拾伍〕中卖马分金的例子一样,在理论之后自觉地寻求实例验证是中国古代算术的传统。刘徽这样做,恰恰是其治学严谨的体现。

【三三】今有宛田,下周三十步,径十六步。问:为田几何?答曰:一百二十步。

【三四】又有宛田,下周九十九步,径五十一步。问:为田几何?答曰:五亩六十二步四分步之一。

术曰:以径乘周,四而一〔贰拾捌〕。

〔贰拾捌〕此术不验,故推方锥以见其形。假令方锥下方六尺,高四尺。四尺为股,下方之半三尺为勾。正面邪为弦,弦五尺也。令勾弦相乘,四因之,得六十尺,即方锥四面见者之幂。若令其中容圆锥,圆锥见幂与方锥见幂,其率犹方幂之与圆幂也。按:方锥下六尺,则方周二十四尺。以五尺乘而半之,则亦锥之见幂。故求圆锥之数,折径以乘下周之半,即圆锥之幂也。

今宛田上径圆穹，而与圆锥同术，则幂失之于少矣。然其术难用，故略举大较，施之大广田也。求圆锥之幂，犹求圆田之幂也。今用两全相乘，故以四为法，除之，亦如圆田矣。开立圆术说圆方诸率甚备，可以验此。

原文翻译

【33】现有中央隆起为球冠形的丘田，下周长为 30 步，穹顶径长 16 步，问：田的面积是多少？答：120（平方）步。

【34】又有丘田，下周长 99 步，穹顶径长 51 步，问：田的面积是多少？答：5 亩 62 $\frac{1}{4}$（平方步）。

丘田面积算法：周长乘直径，除以 4。

注解

所谓丘田，指的是中央隆起的圆形田，可以被看作是球面的一部分，即球冠形。这里所说的径长指的是穹顶弧长，即过球面这一部分中心的最大圆弧长度。《九章算术》原文在此处采取的算法是用穹顶的径长代替圆形面积公式中圆的直径。刘徽认为这个算法不正确。他比较圆锥的外接方锥和圆锥本身，从前者得到了后者的侧面积公式，然后比较圆锥的侧面积和球面面积，说明了原算法有误这一结论。具体地，如图 1-12，设有底面边长为 6 尺、高为 4 尺的正方形锥体，其中有底面为方锥底面正方形内接圆的圆锥，于是圆锥的母线即为方锥侧面底边上的高。

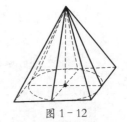

图 1-12

利用勾股定理，可以计算出圆锥法线长，在此例中即为 5 尺。于是可以计算出方锥侧面积为底面正方形周长的一半乘母线长。接下去刘徽比较了圆锥和方锥,他说:"圆锥见幂与方锥见幂,其率犹方幂之与圆幂也",即断言,圆锥侧面积与方锥侧面积之比,等于圆面积与正方形面积之比。这样,刘徽先得到了圆锥侧面积算法:圆锥侧面积等于母线长度乘以底面周长的一半。这就是原文用来计算丘田面积的算法。显然,这样实际上得到的是球面内接圆锥的侧面积,比实际要求的球面积要小一些。有兴趣的读者还可以联系"少广"卷【24】的开立元术进行探究。

刘徽的这段讨论有两点值得注意。其一是将方锥与圆锥侧面积的比值归结为底面方圆面积的比值。中国古代数学经常有将图形归结为数量关系,特别是"率"的做法,此处即为一例,遗憾的是刘徽并未就这一断言给出进一步的说明。将正方形和其内接圆或外接圆进行这样的比较在《九章算术》中出现了多次,主要集中在"少广"卷和"商功"卷中,其基本思路都是将两者的面积关系作为"率",再推延到其他的数量关系。其二,细心的读者可能已经注意到,刘徽在这里的解释用到了一个数量非常具体的"方中容圆锥"的例子,却得到了一般的圆锥侧面积算法公式,这种做法在现代数学中是不严谨的,但在《九章算术》,特别是"商功"卷中,却反复出现。这一方面是中国古代数学尚未发展出抽象的形式化语言且强调实际情境的缘故。另一方面,也是因为《九章算术》在这样的例子中强调的往往是数量间的关系,而不仅仅是数量本身。在后一个意义下,《九章算术》认为这样得到的结果是自然适用于一般的情况的。

【三五】今有弧田,弦三十步,矢十五步。问:为田几何?答曰:一亩九十七步半。

【三六】又有弧田,弦七十八步二分步之一,矢十三步九分步之七。问:为田几何?答曰:二亩一百五十五步八十一分步之五十六。

术曰: 以弦乘矢,矢又自乘,并之,二而一〔贰拾玖〕。

〔贰拾玖〕方中之圆,圆里十二觚之幂,合外方之幂四分之三也。中方合外方之半,则朱青合外方四分之一也。弧田,半圆之幂也。故依半圆之体而为之术。以弦乘矢而半之,则为黄幂,矢自乘而半之,则为二青幂。青、黄相连为弧体,弧体法当应规。今觚面不至外畔,失之于少矣。圆田旧术以"周三径一"为率,俱得十二觚之幂,亦失之于少也,与此相似。指验半圆之幂耳。若不满半圆者,益复疏阔。宜勾股锯圆材之术,以弧弦为锯道长,以矢为锯深,而求其径。既知圆径,则弧可割分也。割之者,半弧田之弦以为股,其矢为勾,为之求弦,即小弧之弦也。以半小弧之弦为勾,半圆径为弦,为之求股。以减半径,其余即小弦之矢也。割之又割,使至极细。但举弦、矢相乘之数,则必近密率矣。然于算数差繁,必欲有所寻究也。若但度田,取其大数,旧术为约耳。

原文翻译

【35】现有弓形田,弦长 30 步,高 15 步,问:田的面积是多少?答:1 亩 97 $\frac{1}{2}$(平方)步。

【36】又有弓形田,弦长 78 $\frac{1}{2}$ 步,高 13 $\frac{7}{9}$ 步,问:田的面积是多少?

答：2 亩 $155\dfrac{56}{81}$（平方）步。

弓形面积算法：弦长乘高，加上高的平方，再除以 2。

注解

　　这当然是一个近似的算法，令圆周率取 3，则若弓形为半圆，刚好就得到正确的值，但对于一般的情形，就会有不小的误差。要计算精确的面积，必须先用勾股算法算出弓形所在圆的半径（见"勾股"卷【9】）。然后不断平分弓形所在的弦，用和求圆近似面积一样的方法来近似计算。其基本思想和圆形面积的近似算法是一样的。具体地，如下图 1-13，作以弓弦为底（设长度为 a_0），弓高为高（设长度为 h_0）的三角形 Δ_0，其面积为 $\dfrac{1}{2}a_0h_0$。仿照割圆术，再考虑 Δ_0 斜边上的两个小弓形。以小弓形的弓弦为底（设长度为 a_1），弓高为高（设长度为 h_1），作两个小三角形 Δ_1。Δ_1 的面积为 $\dfrac{1}{2}a_1h_1$。

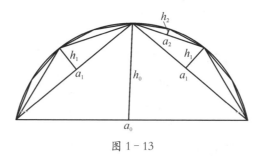

图 1-13

　　依此类推，不断作小三角形 Δ_2，Δ_3，$\Delta_4\cdots$，于是弓形的面积可以用所有小三角形面积的和来逼近，即有

$$弓形面积 = \frac{1}{2}a_0h_0 + a_1h_1 + 2a_2h_2 + \cdots。$$

有兴趣的读者可以尝试仿照刘徽割圆术的思想证明这一公式。

【三七】今有环田，中周九十二步，外周一百二十二步，径五步〔叁拾〕。问：为田几何？答曰：二亩五十五步〔叁拾壹〕。

【三八】又有环田，中周六十二步四分步之三，外周一百一十三步二分步之一，径十二步三分步之二〔叁拾贰〕。问：为田几何？答曰：四亩一百五十六步四分步之一〔叁拾叁〕。

术曰：并中、外周而半之，以径乘之，为积步〔叁拾肆〕。

术曰：置中、外周步数，分母子各居其下。母互乘子，通全步内分子。以中周减外周，余半之，以益中周。径亦通分内子，以乘周为实。分母相乘为法。除之为积步。余，积步之分。以亩法除之，即亩数也〔叁拾伍〕。

〔叁拾〕此欲令与"周三径一"之率相应，故言径五步也。据中、外周，以徽术言之，当径四步一百五十七分步之一百二十二也。

〔叁拾壹〕于徽术，当为田二亩三十一步一百五十七分步之二十三。

〔叁拾贰〕此田环而不通匝，故径十二步三分步之二。若据上周求径者，此径失之于多，过"周三径一"之率，盖为疏矣。于徽术，当径八步六百二十八分步之五十一。

〔叁拾叁〕于徽术，当为田二亩二百三十二步五千二十四分步之七百八十七也。依"周三径一"，为田三亩二十五步六十四分步之二十五。

〔叁拾肆〕此田截而中之周则为长。并而半之者，亦以盈补

虚也。此可令中、外周各自为圆田，以中圆减外圆，余则环
实也。

〔**叁拾伍**〕按：此术，并中、外周步数于上，分母子于下，母
互乘子者，为中外周俱有余分，故以互乘齐其子，母相乘同其
母。子齐母同，故通全步，内分子。半之者，以盈补虚，得中平
之周。周则为从，径则为广，故广从相乘而得其积。既合分母，
还须分母出之。故令周、径分母相乘而连除之，即得积步。不
尽，以等数除之而命分。以亩法除积步，得亩数也。

原文翻译

【37】现有环形田，内圆周长 92 步，外圆周长 122 步，环宽 5 步，问：
田的面积是多少？答：2 亩 55（平方）步。

【38】又有环形田，内圆弧长 $62\frac{3}{4}$ 步，外圆弧长 $113\frac{1}{2}$ 步，环宽 $12\frac{2}{3}$
步，问：田的面积是多少？答：4 亩 $156\frac{1}{4}$（平方）步。

环形面积算法：内外周长之和除以 2，再乘径长，即得到面积。

环形面积带分数算法：列出内外周长的整数部分（步数），然后将各
自的分母、分子写在下面。用分母互相乘分子，用步数之和乘两个分母
（通全步），把这些都加起来除以 2。将圆环的宽也化为假分数，用分子和
上面得到的结果相乘，作为"实"，所有的分母相乘作为"法"，以"法"除
"实"，结果化为带分数得到的就是面积。将面积的分数部分放一边，整
数部分以一亩 240 步的标准换算，得到的就是亩数。

注解

因为内外周长和径长都可以直接测量，此算法与圆周率的选取无

关,所以算法给出的是相对于测量值的精确值。这是关于圆环面积的一般算法,出于筹算的特点,针对【38】中带分数的情况,原文在此又加了一项筹算算法。需要指出的是,结合圆周率计算,这里的环形田并不是封闭圆环,但这和算法的本质无关。这里刘徽注主要涉及两个方面。一方面是对算法的解释,刘徽认为内外周长之和除以 2,得到的便是环形中间的周长,然后经过"以盈补虚",便可以将环形化作长为中间周长,宽为径长的长方形进行面积计算。今天的读者当然知道这是不正确的。刘徽也在注〔叁拾伍〕中指出,可以用大圆(弧)里减小圆(弧)里的办法来计算环形面积,这是正确的。另一方面是对筹算中带分数算法的解释,其中心仍是"齐同"思想。

卷二　粟米

粟　米〔壹〕

〔壹〕以御交质变易。

注解

"粟米"一卷，主要用来处理不同品种、数量和质量的物品的换算交易。

粟米之法〔贰〕：粟率五十，粝（lì）米三十，粺（bài）米二十七，糳（zuò）米二十四，御米二十一，小㰱（zhǐ）十三半，大㰱五十四，粝饭七十五，粺饭五十四，糳饭四十八，御饭四十二，菽、荅（dá）、麻、麦各四十五，稻六十，豉（chǐ）六十三，飧（sūn）九十，熟菽一百三半，蘖（niè）一百七十五。

〔贰〕凡此诸率相与大通，其时相求，各如本率。可约者约之。别术然也。

原文翻译

粮食兑换标准：将粟作为标准，其交换率定为50，那么其他的交换率为：粝米30，粺米27，糳米24，御米21，小𪍑13$\frac{1}{2}$，大𪍑54，粝饭75，粺饭54，糳饭48，御饭42，菽、荅、麻、麦45，稻60，豉63，飧90，熟菽103$\frac{1}{2}$，蘖175。

注解

粮食的交换是古代中国社会生活重要的组成部分，往往由官方制定标准，按照体积(用量具)进行核算。主要的体积(容积)单位有：合、升、斗、石，其中10合＝1升，10升＝1斗，10斗＝1石。此处的规定即相当于50升粟折合30升粝米等等。需要特别注意的是，这里所列的各数字都没有单位，因为它们都被理解成"率"，也就是"标准"或者"比例"，具体作何理解，先按下不表。按照第一章中刘徽注〔壹拾叁〕的思想，"率"可以换算，即刘徽所说的"相与大通"，也就是说在两种粮食换算的时候，它们之间的数量关系(率)和"粟米之法"所规定的数之间的相与关系一致。在各个特定品种间按规定换算的同时，能约分的就约分。中国古代对"数""量""率"等概念的理解，堪可咀嚼。

今有〔叁〕**术曰**：以所有数乘所求率为实，以所有率为法〔肆〕，实如法而一。

〔叁〕此都术也。凡九数以为篇名，可以广施诸率。所谓告往而知来，举一隅而三隅反者也。诚能分诡数之纷杂，通彼此之否塞，因物成率，审辨名分，平其偏颇，齐其参差，则终无不归于此术也。

〔肆〕少者多之始，一者数之母，故为率者必等之于一。据粟率五、粝率三，是粟五而为一，粝米三而为一也。欲化粟为米者，粟当先本是一。一者，谓以五约之，令五而为一也。讫，乃以三乘之，令一而为三。如是，则率至于一，以五为三矣。然先除后乘，或有余分，故术反之。又完言之知，粟五升为粝米三升；以分言之知，粟一斗为粝米五分斗之三，以五为母，三为子。以粟求粝米者，以子乘，其母报除也。然则所求之率常为母也。

原文翻译

今有术，即按比例算法：用自己有的（所有）粮食去交换想要的（所求）粮食，能换多少呢？就是用自己有的粮食数量（所有数）乘想要的粮食的交换率（所求率）作为"实"，用自己粮食的交换率（所有率）作为"法"，以"法"除"实"得到结果。

注解

虽然这一卷以"粟米"为名，但是《九章算术》强调的是这些算法的一般性，所以刘徽在注释中说，"此都术也"，即通行的算法。《九章算术》中各个篇名来自于"九数"，凡是"九数"篇名下的算法，都可以"广施诸率"。但这就要求读者能够"告往而知来，举一而返三"，分辨理清复杂的数量关系，来归结到一般的算法，其中的关键就是"率"的关系。这里既可以看出中国古代算学根植于具体应用的特点，也可以看出中国古代算学强调"迁移"的方法论。但是今天的读者若以为中国古代数学只强调具体应用而没有方法的抽象和提炼，就大错特错了。事实上，刘徽在接下来的注解中就做了相当抽象的讨论来解释这个算法。刘徽认为由"少"而生"多"，所有的数都是由"一"为基本单位生成的。所以"率"作为"标准"必须和"一"相对，但是，"'率'者，相与也"，这个"标准"也就可以解释为与"一"的比例。所以前面提到对"率"的两个理解其实是"率"的两个不同侧面。落实到具体的应用上，所谓"粟率5"，"粝率3"，就是说单位"一"，在"粟"时是5，而在"粝"时就是3。所以在用粟交换粝米时，就需要先将粟除以5化归为基本单位"一"，再将这个基本单位"一"的数量乘3，化为粝米数。但是这样先做除法会先产生分数，所以就先做乘法。还可以这样理解先做乘法：既然5粟等于3粝米，那么1粟就是$\frac{3}{5}$粝米，如此换算时是用粟的数量乘分数，也就是先乘分子，再除以分母。于是"所有率"就作为除数（分母）了。今有术是《九章算术》后续大量算法的基础，《九章算术》中大量例题被最终归结为今有术，我们在之后的计算中，还会反复用到"所有数""所有率""所求率"和"所求数"的说法。

【一】今有粟一斗，欲为粝米。问：得几何？答曰：为粝米六升。

术曰：以粟求粝米，三之，五而一。

【二】今有粟二斗一升，欲为粺米。问：得几何？答曰：为粺米一斗一升五十分升之十七。

术曰：以粟求粺米，二十七之，五十而一。

【三】今有粟四斗五升，欲为糳米。问：得几何？答曰：为糳米二斗一升五分升之三。

术曰：以粟求糳米，十二之，二十五而一。

【四】今有粟七斗九升，欲为御米。问：得几何？答曰：为御米三斗三升五十分升之九。

术曰：以粟求御米，二十一之，五十而一。

【五】今有粟一斗，欲为小𪍿。问：得几何？答曰：为小𪍿二升一十分升之七。

术曰：以粟求小𪍿，二十七之，百而一。

【六】今有粟九斗八升，欲为大𪍿。问：得几何？答曰：为大𪍿一十斗五升二十五分升之二十一。

术曰：以粟求大𪍿，二十七之，二十五而一。

【七】今有粟二斗三升，欲为粝饭。问：得几何？答曰：为粝饭三斗四升半。

术曰：以粟求粝饭，三之，二而一。

【八】今有粟三斗六升，欲为粺饭。问：得几何？答曰：为粺饭三斗八升二十五分升之二十二。

术曰：以粟求粺饭，二十七之，二十五而一。

【九】今有粟八斗六升，欲为糳饭。问：得几何？答曰：为糳饭八斗二升二十五分升之一十四。

术曰：以粟求糳饭，二十四之，二十五而一。

【一〇】今有粟九斗八升，欲为御饭。问：得几何？答曰：为御饭八斗二升二十五分升之八。

术曰：以粟求御饭，二十一之，二十五而一。

原文翻译

【1】现有粟 1 斗,换成粝米,问:能换多少? 答:换粝米 6 升。

算法:用粟换粝米,乘 3,再除以 5。

【2】现有粟 2 斗 1 升,换成粺米,问:能换多少? 答:换粺米 1 斗 1$\frac{17}{50}$升。

算法:用粟换粺米,乘 27,再除以 50。

【3】现有粟 4 斗 5 升,换成糳米,问:能换多少? 答:换糳米 2 斗 1$\frac{3}{5}$升。

算法:用粟换糳米,乘 12,再除以 25。

【4】现有粟 7 斗 9 升,换成御米,问:能换多少? 答:换御米 3 斗 3$\frac{9}{50}$升。

算法:用粟换御米,乘 21,再除以 50。

【5】现有粟 1 斗,换成小䵂,问:能换多少? 答:换小䵂2$\frac{7}{10}$升。

算法:用粟换小䵂,乘 27,再除以 100。

【6】现有粟 9 斗 8 升,换成大䵂,问:能换多少? 答:换大䵂10 斗 5$\frac{21}{25}$升。

算法:用粟换大䵂,乘 27,再除以 25。

【7】现有粟 2 斗 3 升,换成粝饭,问:能换多少? 答:换粝饭 3 斗 4$\frac{1}{2}$升。

算法:用粟换粝饭,乘 3,再除以 2。

【8】现有粟 3 斗 6 升,换成粺饭,问:能换多少? 答:换粺饭 3 斗

$8\dfrac{22}{25}$升。

算法：用粟换粺饭，乘 27，再除以 25。

【9】现有粟 8 斗 6 升，换成糳饭，问：能换多少？答：换糳饭 8 斗

$2\dfrac{14}{25}$升。

算法：用粟换糳饭，乘 24，再除以 25。

【10】现有粟 9 斗 8 升，换成御饭，问：能换多少？答：换御饭 8 斗

$2\dfrac{8}{25}$升。

算法：用粟换御饭，乘 21，再除以 25。

【一一】今有粟三斗少半升，欲为菽。问：得几何？答曰：为菽二斗七升一十分升之三。

【一二】今有粟四斗一升太半升，欲为荅。问：得几何？答曰：为荅三斗七升半。

【一三】今有粟五斗太半升，欲为麻。问：得几何？答曰：为麻四斗五升五分升之三。

【一四】今有粟一十斗八升五分升之二，欲为麦。问：得几何？答曰：为麦九斗七升二十五分升之一十四。

术曰：以粟求菽、荅、麻、麦，皆九之，十而一。

原文翻译

【11】现有粟 3 斗 $\dfrac{1}{3}$ 升，换成菽，问：能换多少？答：换菽 2 斗 7 $\dfrac{3}{10}$ 升。

【12】现有粟 4 斗 $1\frac{2}{3}$ 升,换成苔,问:能换多少? 答:换苔 3 斗 $7\frac{1}{2}$ 升。

【13】现有粟 5 斗 $\frac{2}{3}$ 升,换成麻,问:能换多少? 答:换麻 4 斗 $5\frac{3}{5}$ 升。

【14】现有粟 10 斗 $8\frac{2}{5}$ 升,换成麦,问:能换多少? 答:换麦 9 斗 $7\frac{14}{25}$ 升。

算法: 用粟换菽、苔、麻、麦,乘 9,再除以 10。

注解

少半,指三分之一;太半,指三分之二。

【一五】今有粟七斗五升七分升之四,欲为稻。问:得几何? 答曰:为稻九斗三十五分升之二十四。

术曰: 以粟求稻,六之,五而一。

【一六】今有粟七斗八升,欲为豉。问:得几何? 答曰:为豉九斗八升二十五分升之七。

术曰: 以粟求豉,六十三之,五十而一。

【一七】今有粟五斗五升,欲为飧。问:得几何? 答曰:为飧九斗九升。

术曰: 以粟求飧,九之,五而一。

【一八】今有粟四斗,欲为熟菽。问:得几何? 答曰:为熟菽八斗二升五分升之四。

术曰: 以粟求熟菽,二百七之,百而一。

【一九】今有粟二斗,欲为蘖。问:得几何? 答曰:为蘖七斗。

术曰：以粟求蘖，七之，二而一。

【二〇】今有粝米十五斗五升五分升之二，欲为粟。问：得几何？答曰：为粟二十五斗九升。

术曰：以粝米求粟，五之，三而一。

【二一】今有粺米二斗，欲为粟。问：得几何？答曰：为粟三斗七升二十七分升之一。

术曰：以粺米求粟，五十之，二十七而一。

【二二】今有䵣米三斗少半升，欲为粟。问：得几何？答曰：为粟六斗三升三十六分升之七。

术曰：以䵣米求粟，二十五之，十二而一。

【二三】今有御米十四斗，欲为粟。问：得几何？答曰：为粟三十三斗三升少半升。

术曰：以御米求粟，五十之，二十一而一。

【二四】今有稻一十二斗六升一十五分升之一十四，欲为粟。问：得几何？答曰：为粟一十斗五升九分升之七。

术曰：以稻求粟，五之，六而一。

【二五】今有粝米一十九斗二升七分升之一，欲为粺米。问：得几何？答曰：为粺米一十七斗二升一十四分升之一十三。

术曰：以粝米求粺米，九之，十而一。

【二六】今有粝米六斗四升五分升之三，欲为粝饭。问：得几何？答曰：为粝饭一十六斗一升半。

术曰：以粝米求粝饭，五之，二而一。

【二七】今有粝饭七斗六升七分升之四，欲为飧。问：得几何？答曰：为飧九斗一升三十五分升之三十一。

术曰：以粝饭求飧，六之，五而一。

【二八】今有菽一斗，欲为熟菽。问：得几何？答曰：为熟菽二斗三升。

术曰：以菽求熟菽，二十三之，十而一。

【二九】今有菽二斗，欲为豉。问：得几何？答曰：为豉二斗八升。

术曰：以菽求豉，七之，五而一。

【三〇】今有麦八斗六升七分升之三，欲为小䴬。问：得几何？答曰：为小䴬二斗五升一十四分升之一十三。

术曰：以麦求小䴬，三之，十而一。

【三一】今有麦一斗，欲为大䴬。问：得几何？答曰：为大䴬一斗二升。

术曰：以麦求大䴬，六之，五而一。

原文翻译

【15】现有粟 7 斗 5 $\frac{4}{7}$ 升，换成稻，问：能换多少？答：换稻 9 斗 $\frac{24}{35}$ 升。

算法：用粟换稻，乘 6，再除以 5。

【16】现有粟 7 斗 8 升，换成豉，问：能换多少？答：换豉 9 斗

$8\frac{7}{25}$升。

　　算法：用粟换豉，乘63,再除以50。

　　【17】现有粟5斗5升,换成飱,问：能换多少? 答：换飱9斗9升。

　　算法：用粟换飱,乘9,再除以5。

　　【18】现有粟4斗,换成熟菽,问：能换多少? 答：换熟菽8斗

$2\frac{4}{5}$升。

　　算法：用粟换熟菽,乘207,再除以100。

　　【19】现有粟2斗,换成糵,问：能换多少? 答：换糵7斗。

　　算法：用粟换糵,乘7,再除以2。

　　【20】现有粝米15斗$5\frac{2}{5}$升,换成粟,问：能换多少? 答：换粟25斗

9升。

　　算法：用粝米换粟,乘5,再除以3。

　　【21】现有粺米2升,换成粟,问：能换多少? 答：换粟3斗$7\frac{1}{27}$升。

　　算法：用粺米换粟,乘50,再除以27。

　　【22】现有糳米3斗$\frac{1}{3}$升,换成粟,问：能换多少? 答：换粟6斗

$3\frac{7}{36}$升。

　　算法：用糳米换粟,乘25,再除以12。

　　【23】现有御米14斗,换成粟,问：能换多少? 答：换粟33斗

$3\frac{1}{3}$升。

　　算法：用御米换粟,乘50,再除以21。

【24】现有稻 12 斗 6 $\frac{14}{15}$ 升，换成粟，问：能换多少？答：换粟 10 斗

5 $\frac{7}{9}$ 升。

算法：用稻换粟，乘 5，再除以 6。

【25】现有粝米 19 斗 2 $\frac{1}{7}$ 升，换成粺米，问：能换多少？答：换粺米

17 斗 2 $\frac{13}{14}$ 升。

算法：用粝米换粺米，乘 9，再除以 10。

【26】现有粝米 6 斗 4 $\frac{3}{5}$ 升，换成粝饭，问：能换多少？答：换粝饭

16 斗 1 $\frac{1}{2}$ 升。

算法：用粝米换粝饭，乘 5，再除以 2。

【27】现有粝饭 7 斗 6 $\frac{4}{7}$ 升，换成飧，问：能换多少？答：换飧 9 斗

1 $\frac{31}{35}$ 升。

算法：用粝饭换飧，乘 6，再除以 5。

【28】现有菽 1 斗，换成熟菽，问：能换多少？答：换熟菽 2 斗 3 升。

算法：用菽换熟菽，乘 23，再除以 10。

【29】现有菽 2 斗，换成豉，问：能换多少？答：换豉 2 斗 8 升。

算法：用菽换豉，乘 7，再除以 5。

【30】现有麦 8 斗 6 $\frac{3}{7}$ 升，换成小麹，问：能换多少？答：换小麹2 斗

5 $\frac{13}{14}$ 升。

算法：用麦换小麹，乘 3，再除以 10。

【31】现有麦1斗,换成大麷,问:能换多少? 答:换大麷1斗2升。

算法:用麦换大麷,乘6,再除以5。

【三二】今有出钱一百六十,买瓴(líng)甓(pì)十八枚〔伍〕。问:枚几何? 答曰:一枚,八钱九分钱之八。

【三三】今有出钱一万三千五百,买竹二千三百五十个。问:个几何? 答曰:一个,五钱四十七分钱之三十五。

经率术曰:以所买率为法,所出钱数为实,实如法得一〔陆〕。

〔伍〕瓴甓,砖也。

〔陆〕此按今有之义。出钱为所有数,一枚为所求率,所买为所有率,而今有之,即得所求数。一乘不长,故不复乘,是以径将所买之率为法,以所出之钱为实,实如法得一枚钱。不尽者,等数而命分。

原文翻译

【32】现出160钱,买18枚砖,问:每枚砖值多少钱? 答:1枚砖 $8\frac{8}{9}$ 钱。

【33】现出13 500钱,买2 350个竹子,问:每个竹值多少钱? 答:1个竹 $5\frac{35}{47}$ 钱。

经率算法,即物品单价算法:以所买物数为"法",所出钱数为"实",以"法"除"实"。

注解

原文此处写的是"所买率为法"，为什么又是"率"了呢，这里明确说了是钱数呀？对此，刘徽给出了解释，这里虽然看似只用了一次除法，但其真正的思路是将1枚砖作为"所有数"，而将一枚砖所值的钱当作"所求数"，从而将问题化归到今有术的情况。从这个"化简为繁"的想法可以看出，中国古代的算法并非完全依存于具体问题，而是有着抽象的独立地位，其使用也相当灵活。

【三四】今有出钱五千七百八十五，买漆一斛六斗七升太半升。欲斗率之，问：斗几何？答曰：一斗，三百四十五钱五百三分钱之一十五。

【三五】今有出钱七百二十，买缣（jiān）一匹二丈一尺。欲丈率之，问：丈几何？答曰：一丈，一百一十八钱六十一分钱之二。

【三六】今有出钱二千三百七十，买布九匹二丈七尺。欲匹率之，问：匹几何？答曰：一匹，二百四十四钱一百二十九分钱之一百二十四。

【三七】今有出钱一万三千六百七十，买丝一石二钧一十七斤。欲石率之，问：石几何？答曰：一石，八千三百二十六钱一百九十七分钱之百七十八。

经率[柒]术曰：以所率乘钱数为实，以所买率为法，实如法得一。

[柒] 此术犹经分。

原文翻译

【34】现出 5 785 钱,买 1 斛 6 斗 7 $\frac{2}{3}$ 升漆,按斗为单位计价,问:每

斗多少钱? 答:每 1 斗 345 $\frac{15}{503}$ 钱。

【35】现出 720 钱,买缣 1 匹 2 丈 1 尺,按丈为单位计价,问:每丈多

少钱? 答:每 1 丈 118 $\frac{2}{61}$ 钱。

【36】现出 2 370 钱,买布 9 匹 2 丈 7 尺,按匹为单位计价,问:每匹

多少钱? 答:每 1 匹 244 $\frac{124}{129}$ 钱。

【37】现出 13 670 钱,买丝 1 石 2 钧 17 斤,按石为单位计价,问:每

石多少钱? 答:每 1 石 8 326 $\frac{178}{197}$ 钱。

经率算法,求物品单价:将计价单位作为所求率,以钱数乘计价单位
为"实",以物品总数作为所求率为"法",以"法"除"实"。

注解

经率算法中隐约可见对计量单位作为"率"的理解,这和将率理解为
"标准"是一致的。斛和斗是我国古代的容积计量单位,秦汉时期 1 斛 =
10 斗 = 100 升。这里的"缣"是一种细绢,古代布帛的计量单位是 1 匹 =
4 丈 = 40 尺,1 尺 = 10 寸。而"丝"是加工布匹的原材料,是按重量计算
的。石、钧、斤、两、铢都是重量单位,1 石 = 4 钧 = 30 斤,1 两 = 24 铢,
1 斤 = 16 两。

【三八】今有出钱五百七十六,买竹七十八个。欲其大小率
之,问:各几何? 答曰:其四十八个,个七钱;其三十个,个八钱。

【三九】今有出钱一千一百二十，买丝一石二钧十八斤。欲其贵贱斤率之，问：各几何？答曰：其二钧八斤，斤五钱；其一石一十斤，斤六钱。

【四〇】今有出钱一万三千九百七十，买丝一石二钧二十八斤三两五铢。欲其贵贱石率之，问：各几何？答曰：其一钧九两一十二铢，石八千五十一钱；其一石一钧二十七斤九两一十七铢，石八千五十二钱。

【四一】今有出钱一万三千九百七十，买丝一石二钧二十八斤三两五铢。欲其贵贱钧率之，问：各几何？答曰：其七斤一十两九铢，钧二千一十二钱；其一石二钧二十斤八两二十铢，钧二千一十三钱。

【四二】今有出钱一万三千九百七十，买丝一石二钧二十八斤三两五铢。欲其贵贱斤率之，问：各几何？答曰：其一石二钧七斤十两四铢，斤六十七钱；其二十斤九两一铢，斤六十八钱。

【四三】今有出钱一万三千九百七十，买丝一石二钧二十八斤三两五铢。欲其贵贱两率之，问：各几何？答曰：其一石一钧一十七斤一十四两一铢，两四钱；其一钧一十斤五两四铢，两五钱。

其率术曰：各置所买石、钧、斤、两以为法，以所率乘钱数为实，实如法而一。不满法者，反以实减法。法贱，实贵。其求石、钧、斤、两，以积铢各除法、实，各得其积数，余各为铢〔捌〕。

〔捌〕其率者，欲令无分。按：出钱五百七十六，买竹七十八个，以除钱，得七，实余三十，是为三十个复可增一钱。然则实余之数即是贵者之数，故曰实贵也。本以七十八个为法，今以贵者减之，则其余悉是贱者之数。故曰法贱也。其求石、钧、斤、两，以积铢各除法、实，各得其积数，余各为铢者，谓石、钧、斤、两积铢除实，又以石、钧、斤、两积铢除法，余各为铢，即合所问。

原文翻译

【38】现出 576 钱，买竹 78 个，按大小两种规格，价格相差 1 钱定价，问：大小各有多少？定价多少钱？答：小的 48 个，每个 7 钱；大的 30 个，每个 8 钱。

【39】现出 1 120 钱，买丝 1 石 2 钧 18 斤，按贵贱两种品质，价格按每斤相差 1 钱定价，问：贵贱各有多少？定价多少钱？答：贱的 2 钧 8 斤，每斤 5 钱；贵的 1 石 10 斤，每斤 6 钱。

【40】现出 13 970 钱，买丝 1 石 2 钧 28 斤 3 两 5 铢，按贵贱两种品质，价格按每石相差 1 钱定价，问：贵贱各有多少？定价多少钱？答：贱的 1 钧 9 两 12 铢，每石 8 051 钱；贵的 1 石 1 钧 27 斤 9 两 17 铢，每石 8 052 钱。

【41】现出 13 970 钱，买丝 1 石 2 钧 28 斤 3 两 5 铢，按贵贱两种品质，价格按每钧相差 1 钱定价，问：贵贱各有多少？定价多少钱？答：贱的 7 斤 10 两 9 铢，每钧 2 012 钱；贵的 1 石 2 钧 20 斤 8 两 20 铢，每石 2 013 钱。

【42】现出 13 970 钱，买丝 1 石 2 钧 28 斤 3 两 5 铢，按贵贱两种品

质,价格按每斤相差 1 钱定价,问:贵贱各有多少? 定价多少钱? 答:
贱的 1 石 2 钧 7 斤 10 两 4 铢,每斤 67 钱;贵的 20 斤 9 两 1 铢,每斤
68 钱。

【43】现出 13 970 钱,买丝 1 石 2 钧 28 斤 3 两 5 铢,按贵贱两种品
质,价格按每两相差 1 钱定价,问:贵贱各有多少? 定价多少钱? 答:贱
的 1 石 1 钧 17 斤 14 两 1 铢,每两 4 钱;贵的 1 钧 10 斤 5 两 4 铢,每两
5 钱。

其率算法:将所买物的数量换算成单价的计量单位作为"法",以 1
个计量单位为所求率,乘钱数作为"实",以"法"除"实"。有余数的,称为
"实余"。"法"减去"实余",所得到的差就是低价所买物的数量,而"实
余"就是高价所买物的数量,这个方法称为"法贱实贵"。最后再各自转
化成合适的单位。

注解

所谓其率,是指这样的一种场合:以一定的钱数购买物品,若以统一
价格购买,则购买物品数不是整数。为了使所得是整数,便以贵贱两种
规格对物品分别定价,并购买不同的数量。所以刘徽说:"其率者,欲令
无分。"这个算法乍一看令人费解,但若放入具体的情景中则要好理解许
多:假设我们买的都是低价的物品,那么钱数除以物品数得到的就应该
是低价的定价,此时的余数表示都买低价物品剩余的钱数。由于高低价
格相差 1 钱,我们便可以用剩余的钱加上同样数量的低价物换成同样数
量的高价物。所以这个余数就是高价物的数量,而最初尝试购买的物品
数减去余钱数便是低价物品的数量。进一步的,若是高低价格相差不是
1 呢? 推广这种想法便能得到一般二元一次方程组的解法。读者也可以
用"方程"卷的算法来解决这一类问题。

【四四】今有出钱一万三千九百七十,买丝一石二钧二十八斤三两五铢。欲其贵贱铢率之,问:各几何? 答曰:其一钧二十斤六两十一铢,五铢一钱;其一石一钧七斤一十二两一十八铢,六铢一钱。

【四五】今有出钱六百二十,买羽二千一百翭(hóu)〔玖〕。欲其贵贱率之,问:各几何? 答曰:其一千一百四十翭,三翭一钱;其九百六十翭,四翭一钱。

【四六】今有出钱九百八十,买矢榦(gǎn)五千八百二十枚。欲其贵贱率之,问:各几何? 答曰:其三百枚,五枚一钱;其五千五百二十枚,六枚一钱。

反其率术曰:以钱数为法,所率乘所买为实,实如法而一。不满法者,反以实减法。法少实多。二物各以所得多少之数乘法、实,即物数〔壹拾〕。

〔玖〕翭,羽本也。数羽称其本,犹数草木称其根株。

〔壹拾〕按:其率:出钱六百二十,买羽二千一百翭。反之,当二百四十钱,一钱四翭;其三百八十钱,一钱三翭。是钱有二价,物有贵贱。故以羽乘钱,反其率也。

原文翻译

【44】现出 13 970 钱,买丝 1 石 2 钧 28 斤 3 两 5 铢,按贵贱两种品质,价格按每 1 钱买丝数相差 1 铢定价,问:贵贱各有多少? 1 钱各多少铢? 答:贵的 1 钧 20 斤 6 两 11 铢,每 1 钱 5 铢;贱的 1 石 1 钧 7 斤 12 两 18 铢,每 1 钱 6 铢。

【45】现出 620 钱，买羽 2 100 镟，按贵贱两种品质，价格按每 1 钱买羽数相差 1 镟定价，问：贵贱各有多少？1 钱各多少镟？答：贵的 1 140 镟，1 钱 3 镟；贱的 960 镟，1 钱 4 镟。

【46】现出 980 钱，买 5 820 支箭杆，按贵贱两种品质，价格按每 1 钱买箭杆数相差 1 支定价，问：贵贱各有多少？1 钱各多少支？答：贵的 300 支，1 钱 5 支；贱的 5 520 支，1 钱 6 支。

反其率算法：以钱数作为"法"，以 1 钱乘所买物数作为"实"，以"法"除"实"。若有实余，就用"法"减"实余"，所得的差称为"法余"。"实余"就是买贵的花钱数，而"法余"就是买"贱"的花钱数，而商则是"贵"的定价。

注解

如果说"其率算法"中是以物为"所有率"，那么此处就是以钱为"所有率"，所以称为"反其率算法"是恰如其分的。分析"其率算法"和"反其率算法"，两者是在同样的情况下求同样的"钱"与"物"的数量关系，所不同的是，前者以物为标准，后者以钱为标准。我们知道在购物中，钱与物满足"相与"即正比例的关系，所以两个算法本质上是相同的。

卷三　衰分

衰　分[壹]

[壹] 以御贵贱禀税。

注解

"衰分"一卷，用来处理按照不同等级比例分配粮食或征收赋税的问题。

衰分[贰]术曰：各置列衰[叁]。副并为法，以所分乘未并者各自为实，实如法而一[肆]。不满法者，以法命之。

[贰] 衰分，差分也。

[叁] 列衰，相与率也。重叠，则可约。

[肆] 法集而衰别，数本一也。今以所分乘上别，以下集除

之,一乘一除适足相消,故所分犹存,且各应率而别也。于今有术,列衰各为所求率,副并为所有率,所分为所有数。又以经分言之,假令甲家三人,乙家二人,丙家一人,并六人,共分十二,为人得二也。欲复作逐家者,则当列置人数,以一人所得乘之。今此术先乘而后除也。

原文翻译

衰分算法,即按比例分配算法: 依次列出各分配比数。取所有分配比数的和作为"法",以所分的总数分别乘分配比数作为各自的"实",以"法"除"实",即得各自分配数。不能整除时,则得分数。

注解

按中国古代算术术语,"衰分"泛指按比例分配,衰(cuī)的原意是依照一定的标准递减。作为筹算算法,其中关键的第一步是依次列出分配比数,称为"列衰"。在"方田"卷中刘徽将"率"定义为数的"相与"关系,而在这里又说:"列衰,相与率也"。即是说"列衰"中任意两个数都满足"相与"的正比例关系。所以"列衰"中所有的分配比数同时满足比例关系,那么就可以进行整体的约分计算。从这个意义上讲,"列衰"便是"率"在多个数情况下的推广。另一方面,按"粟米"卷的理解,每一个分配比数可以被认为是与一个共同的单位一的"率",这就是刘徽说"法集而衰别,数本一也"的道理:"法"是所有分配比数的求和;而"衰"虽然各不相同,但都有相同的单位"一"。所以在衰分算法中,所分的总数乘"衰别"而除以"法",单位恰好相消,只余各自按比例分配到的数。

在解释了"列衰"各种计算的合法性后,刘徽又指出衰分算法本质上可以用今有术进行解释,无非是用"总体"和"部分"的"数"和"率"替代今有术中"所有"和"所求"的"数"和"率"罢了。事实上，"衰分"中的二十道题可以明晰地分为两部分，前九题关于"列衰"，而后十一题本质上都是今有术的直接应用。

【一】 今有大夫、不更、簪裹（niǎo）、上造、公士，凡五人，共猎得五鹿。欲以爵次分之，问：各得几何？答曰：大夫得一鹿三分鹿之二；不更得一鹿三分鹿之一；簪裹得一鹿；上造得三分鹿之二；公士得三分鹿之一。

术曰： 列置爵数，各自为衰[伍]。副并为法，以五鹿乘未并者各自为实，实如法得一鹿[陆]。

[伍] 爵数者，谓大夫五，不更四，簪裹三，上造二，公士一也。《墨子·号令篇》"以爵级为赐"，然则战国之初有此名也。

[陆] 于今有术，列衰各为所求率，副并为所有率，今有鹿数为所有数，而今有之，即得。

原文翻译

【1】现有大夫、不更、簪裹、上造、公士等 5 位官员，共猎得 5 头鹿。要按照爵位的高低等级分配，问：各得多少鹿？答：大夫 $1\frac{2}{3}$ 头；不更 $1\frac{1}{3}$ 头；簪裹 1 头；上造 $\frac{2}{3}$ 头；公士 $\frac{1}{3}$ 头。

算法： 题中的"爵次"即是爵位的等级。按照秦朝的制度："爵一级曰公士，二上造，三簪裹，四不更，五大夫……二十彻侯。"按题意，依次列出各爵位的爵数：即大夫5，不更4，簪裹3，上造2，公士1，作为各自的分配比数。以所有分配比数的和15作为"法"，以鹿数5分别乘分配比数，得到25，20，15，10，5作为各自的"实"，以"法"除"实"即得到各自应得的鹿数。

【二】今有牛、马、羊食人苗。苗主责之粟五斗。羊主曰："我羊食半马。"马主曰："我马食半牛。"今欲衰偿之，问：各出几何？答曰：牛主出二斗八升七分升之四；马主出一斗四升七分升之二；羊主出七升七分升之一。

术曰：置牛四、马二、羊一，各自为列衰。副并为法，以五斗乘未并者各自为实，实如法得一斗。

【三】今有甲持钱五百六十，乙持钱三百五十，丙持钱一百八十，凡三人俱出关，关税百钱。欲以钱数多少衰出之，问：各几何？答曰：甲出五十一钱一百九分钱之四十一；乙出三十二钱一百九分钱之一十二；丙出一十六钱一百九分钱之五十六。

术曰：各置钱数为列衰。副并为法，以百钱乘未并者各自为实，实如法得一钱。

【四】今有女子善织，日自倍。五日织五尺，问：日织几何？答曰：初日织一寸三十一分寸之十九；次日织三寸三十一分寸之七；次日织六寸三十一分寸之十四；次日织一尺二寸三十一分寸之二十八；次日织二尺五寸三十一分寸之二十五。

术曰：置一、二、四、八、十六为列衰。副并为法，以五尺乘未并者各自为实,实如法得一尺。

【五】今有北乡算八千七百五十八,西乡算七千二百三十六,南乡算八千三百五十六,凡三乡发徭三百七十八人。欲以算数多少衰出之,问:各几何?答曰:北乡遣一百三十五人一万二千一百七十五分人之一万一千六百三十七;西乡遣一百一十二人一万二千一百七十五分人之四千四;南乡遣一百二十九人一万二千一百七十五分人之八千七百九。

术曰: 各置算数为列衰。副并为法,以所发徭人数乘未并者各自为实,实如法得一人[柒]。

〔柒〕按此术,今有之义也。

【2】现有牛、马和羊吃了别人的禾苗,禾苗的主人要求赔偿 5 斗粟。羊的主人说:"我的羊的食量是马的食量的一半。"马的主人说:"我的马的食量是牛的食量的一半。"按照这个分配比例赔偿,问:羊、马、牛的主人应各自赔偿多少粟?答:牛的主人赔偿 2 斗 8 $\frac{4}{7}$ 升,马的主人赔偿 1 斗 4 $\frac{2}{7}$ 升,羊的主人赔偿 7 $\frac{1}{7}$ 升。

算法: 以牛 4、马 2、羊 1 作为各自的分配比数。以所有分配比数的和 7 作为"法",以总数 5 斗分别乘分配比数作为各自的"实",以"法"除"实"即得出各自赔偿的粟数。

【3】已知甲有 560 钱,乙有 350 钱,丙有 180 钱。这三人都要出关,共需交纳关税 100 钱。现要根据各人所带钱的多少按比例交税,问:三人各应付多少关税?答:甲付税 51 $\frac{41}{109}$ 钱;乙付税 32 $\frac{12}{109}$ 钱;丙付税

$16\frac{56}{109}$钱。

算法：依次置各自所持有的钱数：甲 560，乙 350，丙 180，作为各自的分配比数。以所有分配比数的和 1 090 为"法"，以总税钱数 100 分别乘分配比数作为各自的"实"，以"法"除"实"即得各自应付的关税。

【4】有一女子擅长织布，每天所织的布都是前一天的 2 倍，现在她 5 天共织出 5 尺长的布。问：她在这 5 天里每天各织出多长的布？答：第一天织布 $1\frac{19}{31}$寸；第二织布 $3\frac{7}{31}$寸；第五天织布 $6\frac{14}{31}$寸；第四天织布 1 尺 $2\frac{28}{31}$寸；第五天织布 2 尺 $5\frac{25}{31}$寸。

算法：以 1，2，4，8，16 作为每天的分配比数。以所有分配比数的和 31 为"法"，以总布长 5 尺分别乘分配比数作为各自的"实"，以"法"除"实"即得到每天各织出的布长。

【5】已知北乡的算赋为 8 758"算"，西乡的算赋为 7 236"算"，南乡的算赋为 8 356"算"。现三乡共计应派徭役人数为 378 人，按照"算"数的比例分派徭役人数，问：三乡应各派出多少人？答：北乡应派 $135\frac{11\,637}{12\,175}$人；西乡应派 $112\frac{4\,004}{12\,175}$人；南乡派遣 $129\frac{8\,709}{12\,175}$人。

算法：依次列出各乡"算"数：北乡 8 758，西乡 7 236，南乡 8 356，作为各自的分配比数。以所有分配比数的和 24 350 作为"法"，以三乡共计人数 378 分别乘分配比数作为各自的"实"，以"法"除"实"即得各乡应派的人数。

注解

【5】中的"算"是秦和西汉初期分配徭役与摊派赋税的计量单位。西

汉初期,对成年人征收的人头税称为"算赋"。《九章算术》中有许多和赋税徭役相关的题目,特别集中在"均输"卷中。这些题目在一定程度上反映了中国古代的赋税制度和社会组织能力。

【六】今有禀粟,大夫、不更、簪裹、上造、公士凡五人,一十五斗。今有大夫一人后来,亦当禀五斗。仓无粟,欲以衰出之,问:各几何? 答曰:大夫出一斗四分斗之一;不更出一斗;簪裹出四分斗之三;上造出四分斗之二;公士出四分斗之一。

术曰:各置所禀粟斛斗数,爵次均之,以为列衰。副并,而加后来大夫亦五斗,得二十以为法;以五斗乘未并者各自为实。实如法得一斗[捌]。

【七】今有禀粟五斛,五人分之。欲令三人得三,二人得二,问:各几何? 答曰:三人,人得一斛一斗五升十三分升之五;二人,人得七斗六升十三分升之十二。

术曰:置三人,人三;二人,人二,为列衰。副并为法,以五斛乘未并者各自为实,实如法得一斛。

[捌]禀前五人十五斗者,大夫得五斗,不更得四斗,簪裹得三斗,上造得二斗,公士得一斗。欲令五人各依所得粟多少,减与后来大夫,即与前来大夫同。据前来大夫已得五斗,故言"亦"也。各以所得斗数为衰,并得十五,而加后来大夫亦五斗,凡二十为法也。是为六人共出五斗,后来大夫亦俱损折。于今有术,副并为所有率,未并者各为所求率,五斗为所有数,而今有之,即得。

原文翻译

【6】现有粟 15 斗,(按照爵次)发给了大夫、不更、簪裹、上造、公士 5 位官员。又有一位大夫后到,按照爵位也应分得粟 5 斗。但粮仓中已无余粮,希望令原来的五人按爵位比例各匀出一些给后来的大夫,问:这五人各应匀出多少粟? 答:大夫 $1\frac{1}{4}$ 斗;不更 1 斗;簪裹 $\frac{3}{4}$ 斗;上造 $\frac{2}{4}$ 斗;公士 $\frac{1}{4}$ 斗。

算法: 按照爵位等级比例计算先到五人各自分得粟的斗数,得大夫 5 斗、不更 4 斗、簪裹 3 斗、上造 2 斗、公士 1 斗。以各自所得的斗数为分配比数。将所有分配比数的和 15 加上后来大夫应分得的 5 斗,得数 20 作为“法”。以后来大夫应得的斗数 5 分别乘分配比数作为各自的“实”,以“法”除“实”即得先到各自应匀出的斗数。

【7】现有 5 斛粟要分给 5 个人。想要使其中 3 人每人分得 3 份,另外 2 人每人分得 2 份,问:这 5 人中每个人应该分得多少粟? 答:这 5 人中,有 3 人每人分得 1 斛 1 斗 5 $\frac{5}{13}$ 升;有 2 人每人分得 7 斗 6 $\frac{12}{13}$ 升。

算法: 先分别列出 3 人的份数,其中每人所得份数为 3;再分别列出另 2 人的份数,其中每人所得份数为 2。将这 5 人每个人的份数 3,3,3,2,2 作为“列衰”。以所有分配比数的和 13 为“法”,以总数 5 斛分别乘分配比数作为各自的“实”,以“法”除“实”即得各自应该分得的粟数。

注解

【6】的思路很有意思,按刘徽的注释,其想法是这样的:先来的大夫已得粟 5 斗,后来的大夫因为爵位相同也应得 5 斗,这即是说,若仓里本就多粟 5 斗,那么一切可按比例分配无虞。而现在恰缺 5 斗,所以六人

各按应得斗数为比例少拿这 5 斗即可。所以本题用衰分算法，以六人各人所得的斗数为列衰分粟 5 斗得解。但事实上，以各人所应得的斗数为列衰，和以各人爵次所得的列衰在"率"的意义下总是相同的，因为各人所应得的斗数本来就是按照爵次为列衰分配得来的。所以，这里算法第一句："各置所禀粟斛斗数，爵次均之，以为列衰"，而不直接以爵次作为列衰的原因，是为了求得所缺的斗数而作为"所有数"，来求得正确的结果。

返衰[玖]**术曰：列置衰而令相乘，动者为不动者衰**[壹拾]。

【八】今有大夫、不更、簪裹、上造、公士，凡五人，共出百钱。欲令高爵出少，以次渐多，问：各几何？答曰：大夫出八钱一百三十七分钱之一百四；不更出一十钱一百三十七分钱之一百三十；簪裹出一十四钱一百三十七分钱之八十二；上造出二十一钱一百三十七分钱之一百二十三；公士出四十三钱一百三十七分钱之一百九。

术曰：置爵数，各自为衰，而返衰之。副并为法，以百钱乘未并者各自为实，实如法得一钱[壹拾壹]。

【九】今有甲持粟三升，乙持粝米三升，丙持粝饭三升。欲令合而分之，问：各几何？答曰：甲二升一十分升之七；乙四升一十分升之五；丙一升一十分升之八。

术曰：以粟率五十、粝米率三十、粝饭率七十五为衰，而返衰之。副并为法，以九升乘未并者各自为实，实如法得一升[壹拾贰]。

〔玖〕以爵次言之，大夫五、不更四。欲令高爵得多者，当使大夫一人受五分，不更一人受四分，人数为母，分数为子。母同则子齐，齐即衰也。故上衰分宜为五、四为列焉。今此令高爵出少，则当使大夫五人共出一人分，不更四人共出一人分，故谓之返衰。

〔壹拾〕人数不同，则分数不齐，当令母互乘子；母互乘子则动者为不动者衰也。亦可先同其母，各以分母约，其子，为返衰，副并为法；以所分乘未并者各自为实；实如法而一。

〔壹拾壹〕以爵次言之，大夫五、不更四。欲令高爵得多者，当使大夫一人受五分，不更一人受四分。人数为母，分数为子。母同则子齐，齐即衰也。故上衰分宜以五、四为列焉。今此令高爵出少，则当大夫五人共出一人分，不更四人共出一人分，故谓之反衰。人数不同，则分数不齐。当令母互乘子。母互乘子，则动者为不动者衰也。亦可先同其母，各以分母约，其子为反衰。副并为法。以所分乘未并者，各自为实。实如法而一。

〔壹拾贰〕按此术，三人所持升数虽等，论其本率，精粗不同。米率虽少，令最得多；饭率虽多，返使得少。故令返之，使精得多而粗得少。于今有术，副并为所有率，未并者各为所求率，九升为所有数，而今有之，即得。

原文翻译

返衰算法，即反比例分配算法：依次列出原分配比数，并交互相乘，乘得的数为相应位上的（反比）分配比数。

【8】现有大夫、不更、簪裹、上造、公士 5 位官员共同出资 100 钱。要使爵高的人付出的少,按反比例分配,问: 这 5 人各应出多少钱? 答: 大夫出 $8\frac{104}{137}$ 钱;不更出 $10\frac{130}{137}$ 钱;簪裹出 $14\frac{82}{137}$ 钱;上造出 $21\frac{123}{137}$ 钱;公士出 $43\frac{109}{137}$ 钱。

算法: 依次列出爵数大夫 5,不更 4,簪裹 3,上造 2,公士 1,再以返衰算法求出相应的分配比数 12,15,20,30,60。以所有分配比数的和 137 作为"法",以钱数 100 分别乘分配比数作为各自的"实",以"法"除"实"即得各自应付出的钱数。

【9】现甲有粟 3 升,乙有粝米 3 升,丙有粝饭 3 升。要将 3 种粮食合在一起按比例分配,问: 三人应各得多少? 答: 甲得 $2\frac{7}{10}$ 升;乙得 $4\frac{5}{10}$ 升;丙得 $1\frac{8}{10}$ 升。

算法: 按粟率 50,粝米率 30,粝饭率 75,为衰分,再以返衰算法求出"列衰"3,5,2。以所有分配比数的和 10 作为"法",以总数 9 升分别乘分配比数作为各自的"实",以"法"除"实"即得各自应得的升数。

注解

相对于处理按正比例分配问题的衰分算法,《九章算术》将反比例算法称为"返衰"算法。刘徽仍以按爵位高低分配为例来进行说明。既然是按人分配,便都是以"人数为母,分数为子"。要使爵位较高的人得到较多,则按爵数分配,大夫 1 人得 5 份而不更 1 人得 4 份。此时分母都为 1 而分子为份数,虽然份数不同,但分母相同,基本单位"粗细相同",分子就已经"相齐",可以加减、相与作为"率",所以称为"衰";而若要使爵位较高的人付出较少,则该让大夫 5 人出 1 份而不更 4 人出 1 份,此时分子都为 1,而人数作为分母却不相同,所以称为"返衰"。"返"通"反"。既然此时分母不同,分子不通,所以要对分子(份数)做加减就必须先通分,使得"母同而子齐"。仍以爵次为例,大夫、不更、簪褭、上造、公士每人所出的份数之比应为 $\frac{1}{5},\frac{1}{4},\frac{1}{3},\frac{1}{2},\frac{1}{1}$,通分则以分母相乘 $5\times4\times3\times2\times1$ 为公分母,各自的分子为 $1\times4\times3\times2\times1,1\times5\times3\times2\times1,1\times5\times4\times2\times1,$ $1\times5\times4\times3\times1,1\times5\times4\times3\times2$。其中如分子这般的运算就是刘徽所谓的"母互乘子"或"交互相乘"。由于此时分母已相同,分子即可为"衰"。也就得到了个人(付出的)分配比数 $24,30,40,60,120$,约去公因数,即得 $12,15,20,30,60$。《九章算术》原文只解释了如何计算返衰,却并未解释原理。

在[9]中,虽然三人原有的粮食升数相同,但是由于粟、粝米和粝饭精粗程度不同,所以出精粮者应得多、出粗粮者应得少。按"粟米"卷,三种粮食对同一标准的"率"分别为 $50,30,75$。由此得"返衰",即按反比例分配,得到算法。

【一〇】今有丝一斤,价直二百四十。今有钱一千三百二十八,问:得丝几何?答曰:五斤八两一十二铢五分铢之四。

术曰: 以一斤价数为法,以一斤乘今有钱数为实,实如法得丝数[壹拾叁]。

【一一】今有丝一斤,价直三百四十五。今有丝七两一十二铢,问:得钱几何?答曰:一百六十一钱三十二分钱之二十三。

术曰: 以一斤铢数为法,以一斤价数乘七两一十二铢为实,实如法得钱数[壹拾肆]。

【一二】今有缣一丈，价直一百二十八。今有缣一匹九尺五寸，问：得钱几何？答曰：六百三十三钱五分钱之三。

　　术曰：以一丈寸数为法，以价钱数乘今有缣寸数为实，实如法得钱数。

【一三】今有布一匹，价直一百二十五。今有布二丈七尺，问：得钱几何？答曰：八十四钱八分钱之三。

　　术曰：以一匹尺数为法，今有布尺数乘价钱为实，实如法得钱数。

【一四】今有素一匹一丈，价直六百二十五。今有钱五百，问：得素几何？答曰：得素一匹。

　　术曰：以价直为法，以一匹一丈尺数乘今有钱数为实，实如法得素数。

【一五】今有与人丝一十四斤，约得缣一十斤。今与人丝四十五斤八两，问：得缣几何？答曰：三十二斤八两。

　　术曰：以一十四斤两数为法，以一十斤乘今有丝两数为实，实如法得缣数。

【一六】今有丝一斤，耗七两。今有丝二十三斤五两，问：耗几何？答曰：一百六十三两四铢半。

　　术曰：以一斤展十六两为法。以七两乘今有丝两数为实，实如法得耗数。

【一七】今有生丝三十斤，干之，耗三斤十二两。今有干丝一十二斤，问：生丝几何？答曰：一十三斤一十一两十铢七分铢之二。

　　术曰：置生丝两数，除耗数，余，以为法〔壹拾伍〕。三十斤乘干丝两数为实，实如法得生丝数〔壹拾陆〕。

　　【一八】今有田一亩，收粟六升太半升。今有田一顷二十六亩一百五十九步，问：收粟几何？答曰：八斛四斗四升一十二分升之五。

　　术曰：以亩二百四十步为法，以六升太半升乘今有田积步为实，实如法得粟数。

　　【一九】今有取保一岁，价钱二千五百。今先取一千二百，问：当作日几何？答曰：一百六十九日二十五分日之二十三。

　　术曰：以价钱为法，以一岁三百五十四日乘先取钱数为实，实如法得日数。

　　【二〇】今有贷人千钱，月息三十。今有贷人七百五十钱，九日归之，问：息几何？答曰：六钱四分钱之三。

　　术曰：以月三十日乘千钱为法〔壹拾柒〕。以息三十乘今所贷钱数，又以九日乘之，为实。实如法得一钱〔壹拾捌〕。

　　〔壹拾叁〕按此术，今有之义，以一斤价为所有率，一斤为所求率，今有钱为所有数，而今有之，即得。

　　〔壹拾肆〕按此术，亦今有之义，以丝一斤铢数为所有率，价数为所求率，今有丝为所有数，而今有之，即得。

　　〔壹拾伍〕余四百二十两，即干丝率。

　　〔壹拾陆〕凡所得率，如细则俱细，粗则俱粗，两数相抱而已。故品物不同，如上缣、丝之比，相与率焉。三十斤凡四百八十两，今生丝率四百八十两，今干丝率四百二十两，则其数相通。可俱为铢，可俱为两，可俱为斤，无所归滞也。若然，宜以所有干丝斤数乘生丝两数为实。今以斤、两错互而亦同归者，使干丝以两数为率，生丝以斤数为率，譬之异类，亦各有一定之势。

〔壹拾柒〕以三十日乘千钱为法者，得三万，是为贷人钱三万，一日息三十也。

〔壹拾捌〕以九日乘今所贷钱为今一日所有钱，于今有术为所有数，息三十为所求率；三万钱为所有率。此又可以一月三十日约息三十钱，为十分一日，以乘今一日所有钱为实；千钱为法。为率者，当等之于一也。故三十日或可乘本，或可约息，皆所以等之也。

原文翻译

【10】已知1斤丝的价值为240钱。现有1328钱，问：能买多少丝？

答：能买丝5斤8两12$\frac{4}{5}$铢。

算法：以1斤丝的价值钱数240为"法"，以斤数1乘现有的钱数1328为"实"，以"法"除"实"得到可买丝数。

【11】已知1斤丝的价值为345钱。现有丝重7两12铢，问：其价值为多少钱？答：其价值为161$\frac{23}{32}$钱。

算法：以1斤换算成384铢为"法"，以1斤丝的价值钱数345乘现有的丝数 7 两 12 铢(即 180 铢)为"实",以"法"除"实"即得到钱数。

【12】已知 1 丈缣的价值为 128 钱。现有缣长 1 匹 9 尺 5 寸,问: 其价值为多少钱? 答: 其价值为 $633\frac{3}{5}$ 钱。

算法: 以 1 丈换算成 100 寸为"法",以 1 丈缣的价值钱数 128 乘现有缣 1 匹 9 尺 5 寸(即 495 寸)为"实",以"法"除"实"即得钱数。

【13】已知 1 匹布的价值为 125 钱。现有布长 2 丈 7 尺,问: 其价值为多少钱? 答: 其价值为 $84\frac{3}{8}$ 钱。

算法: 以 1 匹换算成 40 尺为"法",以 1 匹布的价值钱数 125 乘现有布的尺数 27 为"实",以"法"除"实"即得钱数。

【14】已知素绢 1 匹 1 丈价值为 625 钱。现有 500 钱,问: 能买多少素绢? 答: 能买素绢 1 匹。

算法: 以 1 匹 1 丈长的素绢价值数 625 为"法",以 1 匹 1 丈所含的尺数 50 乘现有的钱数 500 为"实",以"法"除"实"就得到可买素绢的匹数。

【15】假设与人约定以 14 斤丝换 10 斤缣。现有丝重 45 斤 8 两,问: 按照约定能换得多少缣? 答: 能换得缣 32 斤 8 两。

算法: 将 14 斤换算成 224 两为"法",以斤数 10 乘现有丝 728 两为"实",以"法"除"实"就得到换得的缣数。

【16】已知(加工)1 斤丝需要损耗 7 两。现有丝 23 斤 5 两,问: (加工)损耗是多少? 答: 损耗 163 两 $4\frac{1}{2}$ 铢。

算法: 将 1 斤换算成 16 两为"法",以 7 两乘现有丝数 373 两为"实",以"法"除"实"即得损耗数。

【17】已知生丝 30 斤干燥后会损耗 3 斤 12 两。现得到干丝 12 斤,

问：原有多少生丝？答：原有生丝 13 斤 11 两 10 $\frac{2}{7}$ 铢。

　　算法： 将生丝 30 斤换算成 480 两减去损耗的 60 两，得到的差 420 两作为"法"。以生丝斤数 30 乘现有的干丝 12 斤（即 192 两）作为"实"。用"法"除"实"就得到所求干丝数。

　　【18】已知一亩田可以收获 6 $\frac{2}{3}$ 升粟。现有 1 顷 26 亩 159（平方）步的田，问：能收获多少粟？答：能收获 8 斛 4 斗 4 $\frac{5}{12}$ 升粟。

　　算法： 以 1 亩换算（平方）步数 240 为"法"，以 6 $\frac{2}{3}$ 升乘现有田的面积 30 339（平方）步为"实"，以"法"除"实"就得到收获的粟数。

　　【19】已知犯人取保一岁的保证金为 2 500 钱。现用 1 200 钱来取保，问：能保释多少天数？答：169 $\frac{23}{25}$ 天。

　　算法： 这里的"岁"是指中国农历平年的一年，即从一次正月朔到下次正月朔，共有 12 个朔望月的长度，其中 6 个大月（每月 30 天），6 个小月（每月 29 天），合计 354 天。以保释一岁的钱数 2 500 为"法"，以一岁所含的大数 354 乘用来取保的钱数 1 200 为"实"，用"法"除"实"即得可保释的天数。

　　【20】已知向人借贷 1 000 钱的月利息为 30 钱。现向人借贷 750 钱，9 天归还，问：应付利息是多少？答：应付利息是 6 $\frac{3}{4}$ 钱。

　　算法： 以每月天数 30 乘钱数 1 000 为"法"。以利息钱 30 乘现借贷钱数 750，再乘天数 9，所得得数作为"实"。以"法"除"实"就得到应付的利息数。

注解

【17】的解法中有一个单位的问题：为什么只将两次干丝的称重单位化作"两"，而没有将乘数生丝 30 的斤数化作单位"两"？刘徽在这里注释道："凡所谓率者，细则俱细，粗则俱粗，两数相推而已。"也就是说作为"比值"，只需要（所相与量的）单位相同，就能够比较计算，而其本身的取值与单位无关。所以此处只需要"所求"干丝 420 两和"所有"干丝 192 两相与作为比值时，单位才需要统一；而"所有"生丝数 30 斤只需和"所求"生丝数统一单位即可，与干丝单位无关。这可以看作刘徽对"率"的概念的又一处补充解释。

本卷最后几题由张苍和耿寿昌增补，并非是衰分问题，都可以由"粟米"卷的今有术求解。值得注意的是，这里的问题都包含了不同类的物品的数量关系。刘徽说："异类各有一定之势。"即不同类的物品数量也可以形成率。

卷四　少广

少　广[壹]

[壹] 以御积幂方圆。

注解

"少广"一卷，主要处理已知正方形、长方形、圆形面积，正方体、球体体积，求边长、直径的问题。

少广术曰：置全步及分母子，以最下分母遍乘诸分子及全步，各以其母除其子，置之于左。命通分者，又以分母遍乘诸分子及已通者，皆通而同之。并之为法。置所求步数，以全步积分乘之为实[贰]。实如法而一，得从步。

[贰] 此以田广为法，以亩积步为实。法有分者，当同其母，齐其子，以同乘法实，而并齐于法。今以分母乘全步及子，子如母而一，并以并全法，则法实俱长，意亦等也。故如法而一，得从步数。

原文翻译

少广算法：列出（田宽，即"广"的）整步数和每次测量的分子、分母，用最后一项的分母分别去乘整步数和各个分子，所得的结果分别除以各自的分母，将所得商的整数部分列到左侧一行，余数仍作为分子。接下来依次用同样的方法，对每个要通分的分数，用其分母分别去乘各个分子以及之前通分已得到的整数，所得的分子分母相约，整数部分加到左侧的整数上，直到右侧再也没有分数为止。把通分后得到的（左侧）所有整数之和作为"法"。每次通分分母的乘积是所有分数的公分母，列出所求田的步数，与此公分母相乘作为"实"。以"法"除"实"，即得到田长，也就是"从"的步数。

注解

和《九章算术》中的大部分平面几何问题一样，少广的问题也来源于田地的度量。细心的读者应该已经发现，在前几卷涉及面积的问题中，有时候会使用较小的长度单位"步"来表示面积。按照唐朝李淳风对少广算法的注释，唐朝在计算田地面积时以一边长为一步，另一边长为240步的长方形面积为一亩（这与"方田"卷【1】中"亩法240步"的换算是一致的）。如此，固定一步长的短边（广），只以长边（从）的长度步数来指代面积，在古代是通行的做法。但在实际生产中，"广"的长度或许略长于一步，此时若仍需丈量出一亩土地，便要重新计算长边边长。由此衍生出的一般的问题：给定长方形田面积，而略微增加"广"的长度，那么"从"的长度该如何变化？这里的"略微增加'广'的长度"便是卷名所谓的"少（shǎo）广"。本卷前十一题即是处理这一原型问题。

从数学理论的角度看，已知长方形面积和一条边的长度，求另一边长，无非是以面积除以长度，就是刘徽所言的"以田广为法，以亩积步为实"。但是，按"少广"的题意，每次"广"的增量必是分数，所以在计算中需要先处理除数中的通分，其中心思想仍是"方田"卷中的"齐同"原理。另外，联系古代生产测量的实际情况，不能将"少广"看作是测量时仅仅将田地的短边多测量一次，更现实的做法是不断用更小（"细"）的"分步"为单位来对上一次测量后的剩余部分进行再次测量，所以前十一题都是除数为连续单分数相加递增的情况。这也是下面的少广算法看上去比想象的更加复杂的原因。我们将会以本卷【4】为例，在"注解"中说明。

【一】今有田广一步半，求田一亩，问：从几何？答曰：一百六十步。

术曰：下有半，是二分之一。以一为二，半为一，并之，得三，为法。置田二百四十步，亦以一为二乘之，为实。实如法得从步。

【二】今有田广一步半、三分步之一，求田一亩，问：从几何？答曰：一百三十步一十一分步之一十。

术曰：下有三分，以一为六，半为三，三分之一为二，并之，得一十一，以为法。置田二百四十步，亦以一为六乘之，为实。实如法得从步。

【三】今有田广一步半、三分步之一、四分步之一，求田一亩，问：从几何？答曰：一百一十五步五分步之一。

术曰：下有四分，以一为一十二，半为六，三分之一为四，四分之一为三,并之得二十五,以为法。置田二百四十步,亦以一为一十二乘之,为实。实如法而一,得从步。

【四】今有田广一步半、三分步之一、四分步之一、五分步之一,求田一亩,问:从几何? 答曰:一百五步一百三十七分步之一十五。

术曰: 下有五分,以一为六十,半为三十,三分之一为二十,四分之一为一十五,五分之一为一十二,并之得一百三十七,以为法。置田二百四十步,亦以一为六十乘之,为实。实如法得从步。

【五】今有田广一步半、三分步之一、四分步之一、五分步之一、六分步之一,求田一亩,问:从几何? 答曰:九十七步四十九分步之四十七。

术曰: 下有六分,以一为一百二十,半为六十,三分之一为四十,四分之一为三十,五分之一为二十四,六分之一为二十,并之得二百九十四,以为法。置田二百四十步,亦以一为一百二十乘之,为实。实如法得从步。

【六】今有田广一步半、三分步之一、四分步之一、五分步之一、六分步之一、七分步之一,求田一亩,问:从几何? 答曰:九十二步一百二十一分步之六十八。

术曰: 下有七分,以一为四百二十,半为二百一十,三分之一为一百四十,四分之一为一百五,五分之一为八十四,六分之一为七十,七分之一为六十,并之得一千八十九,以为法。置田二百四十步,亦以一为四百二十乘之,为实。实如法得从步。

【七】今有田广一步半、三分步之一、四分步之一、五分步之一、六分步之一、七分步之一、八分步之一，求田一亩，问：从几何？答曰：八十八步七百六十一分步之二百三十二。

术曰：下有八分，以一为八百四十，半为四百二十，三分之一为二百八十，四分之一为二百一十，五分之一为一百六十八，六分之一为一百四十，七分之一为一百二十，八分之一为一百五，并之得二千二百八十三，以为法。置田二百四十步，亦以一为八百四十乘之，为实。实如法得从步。

【八】今有田广一步半、三分步之一、四分步之一、五分步之一、六分步之一、七分步之一、八分步之一、九分步之一，求田一亩，问：从几何？答曰：八十四步七千一百二十九分步之五千九百六十四。

术曰：下有九分，以一为二千五百二十，半为一千二百六十，三分之一为八百四十，四分之一为六百三十，五分之一为五百四，六分之一为四百二十，七分之一为三百六十，八分之一为三百一十五，九分之一为二百八十，并之得七千一百二十九，以为法。置田二百四十步，亦以一为二千五百二十乘之，为实。实如法得从步。

【九】今有田广一步半、三分步之一、四分步之一、五分步之一、六分步之一、七分步之一、八分步之一、九分步之一、十分步之一，求田一亩，问：从几何？答曰：八十一步七千三百八十一分步之六千九百三十九。

术曰：下有一十分，以一为二千五百二十，半为一千二百六

十、三分之一为八百四十，四分之一为六百三十，五分之一为五百四，六分之一为四百二十，七分之一为三百六十，八分之一为三百一十五，九分之一为二百八十，十分之一为二百五十二，并之得七千三百八十一，以为法。置田二百四十步，亦以一为二千五百二十乘之，为实。实如法得从步。

【一〇】今有田广一步半、三分步之一、四分之步一、五分步之一、六分步之一、七分步之一、八分步之一、九分步之一、十分步之一、十一分步之一，求田一亩，问：从几何？答曰：七十九步八万三千七百一十一分步之三万九千六百三十一。

术曰：下有一十一分，以一为二万七千七百二十，半为一万三千八百六十，三分之一为九千二百四十，四分之一为六千九百三十，五分之一为五千五百四十四，六分之一为四千六百二十，七分之一为三千九百六十，八分之一为三千四百六十五，九分之一为三千八十，一十分之一为二千七百七十二，一十一分之一为二千五百二十，并之得八万三千七百一十一，以为法。置田二百四十步，亦以一为二万七千七百二十乘之，为实。实如法得从步。

【一一】今有田广一步半、三分步之一、四分步之一，五分步之一、六分步之一、七分步之一、八分步之一、九分步之一、十分步之一、十一分步之一、十二分步之一，求田一亩，问：从几何？答曰：七十七步八万六千二十一分步之二万九千一百八十三。

术曰：下有一十二分，以一为八万三千一百六十，半为四万一千五百八十，三分之一为二万七千七百二十，四分之一为二万七百九十,五分之一为一万六千六百三十二,六分之一为一万三千八百六十,七分之一为一万一千八百八十,八分之一为一万三百九十五,九分之一为九千二百四十,一十分之一为八千三百一十六,十一分之一为七千五百六十,十二分之一为六千九百三十,并之得二十五万八千六十三,以为法。置田二百四十步,亦以一为八万三千一百六十乘之,为实。实如法得从步。

原文翻译

【1】已知田宽 $1\frac{1}{2}$ 步,若需要 1 亩田,则应取田长多少?答:田长 160 步。

算法:列出整步和分步,即 $1,\frac{1}{2}$。分步最下是 $\frac{1}{2}$。使用少广算法后,(右侧的)1 化为(左侧的)2,$\frac{1}{2}$ 化为 1。相加得 3,作为"法"。把田的面积步数 240,也按照 1 化为 2 的比例乘 2,作为"实"。以"法"除"实",得到田长的步数。

【2】已知田宽 $1\frac{1}{2}$ 步又 $\frac{1}{3}$ 步,若需要 1 亩田,则应取田长多少?答:田长 $130\frac{10}{11}$ 步。

算法:列出整步数和分步,即 $1,\frac{1}{2},\frac{1}{3}$,最下有分母 3。使用少广算法后,(右侧的)1 化为(左侧的)6,$\frac{1}{2}$ 化为 3,$\frac{1}{3}$ 化为 2。相加得 11,作为"法"。把田的面积步数 240,也按照 1 化为 6 的比例乘 6,作为"实"。以"法"除"实",得到田长的步数。

【3】已知田宽 $1\frac{1}{2}$ 步又 $\frac{1}{3}$ 步又 $\frac{1}{4}$ 步,若需要 1 亩田,则应取田长多少? 答:田长 $115\frac{1}{5}$ 步。

算法:列出整步数和分步,即 $1,\frac{1}{2},\frac{1}{3},\frac{1}{4}$,最下有分母 4。使用少广算法后,1 化为 12,$\frac{1}{2}$ 化为 6,$\frac{1}{3}$ 化为 4,$\frac{1}{4}$ 化为 3。相加得 25,作为"法"。把田的面积步数 240,也按照 1 化为 12 的比例乘 12,作为"实"。以"法"除"实",得到田长的步数。

【4】已知田宽 $1\frac{1}{2}$ 步又 $\frac{1}{3}$ 步又 $\frac{1}{4}$ 步又 $\frac{1}{5}$ 步,若需要 1 亩田,则应取田长多少? 答:田长 $105\frac{15}{137}$ 步。

算法:列出整步数和分步,即 $1,\frac{1}{2},\frac{1}{3},\frac{1}{4},\frac{1}{5}$,最下有分母 5。使用少广算法后,1 化为 60,$\frac{1}{2}$ 化为 30,$\frac{1}{3}$ 化为 20,$\frac{1}{4}$ 化为 15,$\frac{1}{5}$ 化为 12。相加得 137,作为"法"。把田的面积步数 240,也按照 1 化 60 的比例乘 60,作为"实"。以"法"除"实",得到田长的步数。

【5】已知田宽 $1\frac{1}{2}$ 步又 $\frac{1}{3}$ 步又 $\frac{1}{4}$ 步又 $\frac{1}{5}$ 步又 $\frac{1}{6}$ 步,若需要 1 亩田,则应取田长多少? 答:田长 $97\frac{47}{49}$ 步。

算法:列出整步数和分步,最下有分母 6。使用少广算法后,1 化为 120,$\frac{1}{2}$ 化为 60,$\frac{1}{3}$ 化为 40,$\frac{1}{4}$ 化为 30,$\frac{1}{5}$ 化为 24,$\frac{1}{6}$ 化为 20。相加得 294,作为"法"。把田的面积步数 240,也按照 1 化为 120 的比例乘 120,作为"实"。相除得到田长的步数。

【6】已知田宽 $1\frac{1}{2}$ 步又 $\frac{1}{3}$ 步又 $\frac{1}{4}$ 步又 $\frac{1}{5}$ 步又 $\frac{1}{6}$ 步又 $\frac{1}{7}$ 步,若需要 1 亩田,则应取田长多少? 答:田长 $92\frac{68}{121}$ 步。

算法:列出整步数和分步,最下有分母 7。使用少广算法后,1 化为 $420,\frac{1}{2}$ 化为 $210,\frac{1}{3}$ 化为 $140,\frac{1}{4}$ 化为 $105,\frac{1}{5}$ 化为 $84,\frac{1}{6}$ 化为 $70,\frac{1}{7}$ 化为 60。相加得 1 089,作为"法"。把田的面积步数 240,也按照 1 化为 420 的比例乘 420,作为"实"。相除得到田长的步数。

【7】已知田宽 $1\frac{1}{2}$ 步又 $\frac{1}{3}$ 步又 $\frac{1}{4}$ 步又 $\frac{1}{5}$ 步又 $\frac{1}{6}$ 步又 $\frac{1}{7}$ 步又 $\frac{1}{8}$ 步,若需要 1 亩田,则应取田长多少? 答:田长 $88\frac{232}{761}$ 步。

算法:列出整步数和分步,最下有分母 8。使用少广算法后,1 化为 $840,\frac{1}{2}$ 化为 $420,\frac{1}{3}$ 化为 $280,\frac{1}{4}$ 化为 $210,\frac{1}{5}$ 化为 $168,\frac{1}{6}$ 化为 $140,\frac{1}{7}$ 化为 $120,\frac{1}{8}$ 化为 105。相加得 2 283,作为"法"。把田的面积步数 240,也按照 1 化为 840 的比例乘 840,作为"实"。相除得到田长的步数。

【8】已知田宽 $1\frac{1}{2}$ 步又 $\frac{1}{3}$ 步又 $\frac{1}{4}$ 步又 $\frac{1}{5}$ 步又 $\frac{1}{6}$ 步又 $\frac{1}{7}$ 步又 $\frac{1}{8}$ 步又 $\frac{1}{9}$ 步,若需要 1 亩田,则应取田长多少? 答:田长 $84\frac{5\,964}{7\,129}$ 步。

算法:列出整步数和分步,最下有分母 9。使用少广算法后,1 化为 $2\,520,\frac{1}{2}$ 化为 $1\,260,\frac{1}{3}$ 化为 $840,\frac{1}{4}$ 化为 $630,\frac{1}{5}$ 化为 $504,\frac{1}{6}$ 化为 $420,\frac{1}{7}$ 化为 $360,\frac{1}{8}$ 化为 $315,\frac{1}{9}$ 化为 280。相加得 7 129,作为"法"。把田的面积步数 240,也按照 1 化为 2 520 的比例乘 2 520,作为"实"。相除得到田

长的步数。

【9】已知田宽 $1\frac{1}{2}$ 步又 $\frac{1}{3}$ 步又 $\frac{1}{4}$ 步又 $\frac{1}{5}$ 步又 $\frac{1}{6}$ 步又 $\frac{1}{7}$ 步又 $\frac{1}{8}$ 步又 $\frac{1}{9}$ 步又 $\frac{1}{10}$ 步,若需要 1 亩田,则应取田长多少？答：田长 $81\frac{6\,939}{7\,381}$ 步。

算法：列出整步数和分步,最下有分母 10。使用少广算法后,1 化为 $2\,520$, $\frac{1}{2}$ 化为 $1\,260$, $\frac{1}{3}$ 化为 840, $\frac{1}{4}$ 化为 630, $\frac{1}{5}$ 化为 504, $\frac{1}{6}$ 化为 420, $\frac{1}{7}$ 化为 360, $\frac{1}{8}$ 化为 315, $\frac{1}{9}$ 化为 280, $\frac{1}{10}$ 化为 252。相加得 $7\,381$,作为"法"。把田的面积步数 240,也按照 1 化为 $2\,520$ 的比例乘 $2\,520$,作为"实"。相除得到田长的步数。

【10】已知田宽 $1\frac{1}{2}$ 步又 $\frac{1}{3}$ 步又 $\frac{1}{4}$ 步又 $\frac{1}{5}$ 步又 $\frac{1}{6}$ 步又 $\frac{1}{7}$ 步又 $\frac{1}{8}$ 步又 $\frac{1}{9}$ 步又 $\frac{1}{10}$ 步又 $\frac{1}{11}$ 步,若需要 1 亩田,则应取田长多少？答：田长 $79\frac{39\,631}{83\,711}$ 步。

算法：列出整步数和分步,最下有分母 11。使用少广算法后,1 化为 $27\,720$, $\frac{1}{2}$ 化为 $13\,860$, $\frac{1}{3}$ 化为 $9\,240$, $\frac{1}{4}$ 化为 $6\,930$, $\frac{1}{5}$ 化为 $5\,544$, $\frac{1}{6}$ 化为 $4\,620$, $\frac{1}{7}$ 化为 $3\,960$, $\frac{1}{8}$ 化为 $3\,465$, $\frac{1}{9}$ 化为 $3\,080$, $\frac{1}{10}$ 化为 $2\,772$, $\frac{1}{11}$ 化为 $2\,520$。相加得 $83\,711$,作为"法"。把田的面积步数 240,也按照 1 化为 $27\,720$ 的比例乘 $27\,720$,作为"实"。相除得到田长的步数。

【11】已知田宽 $1\frac{1}{2}$ 步又 $\frac{1}{3}$ 步又 $\frac{1}{4}$ 步又 $\frac{1}{5}$ 步又 $\frac{1}{6}$ 步又 $\frac{1}{7}$ 步又 $\frac{1}{8}$ 步又 $\frac{1}{9}$ 步又 $\frac{1}{10}$ 步又 $\frac{1}{11}$ 步又 $\frac{1}{12}$ 步,若需要 1 亩田,则应取田长多少？答：田长

$77\dfrac{29\,183}{86\,021}$步。

算法：列出整步数和分步，最下有分母 12。使用少广算法后，1 化为 83 160，$\dfrac{1}{2}$ 化为 41 580，$\dfrac{1}{3}$ 化为 27 720，$\dfrac{1}{4}$ 化为 20 790，$\dfrac{1}{5}$ 化为 16 632，$\dfrac{1}{6}$ 化为 13 860，$\dfrac{1}{7}$ 化为 11 880，$\dfrac{1}{8}$ 化为 10 395，$\dfrac{1}{9}$ 化为 9 240，$\dfrac{1}{10}$ 化为 8 316，$\dfrac{1}{11}$ 化为 7 560，$\dfrac{1}{12}$ 化为 6 930。相加得 258 063，作为"法"。把田的面积步数 240，也按照 1 化为 83 160 的比例乘 83 160，作为"实"。相除得到田长的步数。

注解

我们以【4】为例具体说明一下少广算法。首先列出整步数和分步，即 1，$\dfrac{1}{2}$，$\dfrac{1}{3}$，$\dfrac{1}{4}$，$\dfrac{1}{5}$，最下有分母 5。用 5 乘整步数 1 和各个分数，约分后将各个结果的整数部分放到左行，分数部分仍放在右行，如图 4-1 所示。

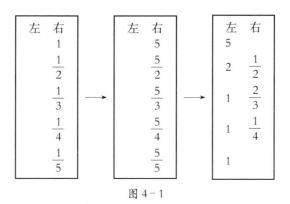

图 4-1

接下去用最下的分母 4 分别乘左行所有整数和右行分数，对右行的结果约分，整数部分加到相应的左行，如图 4-2 所示。

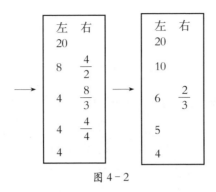

图 4-2

现在右行只剩下最后一个分数 $\frac{2}{3}$，分母是 3。用 3 分别乘左行所有整数及

剩下的分数 $\frac{2}{3}$，约分后得整数 2 加到左行，如图 4-3 所示。

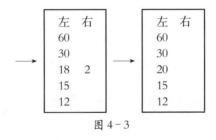

图 4-3

这样，我们便用少广算法把最初右行的 $1, \frac{1}{2}, \frac{1}{3}, \frac{1}{4}, \frac{1}{5}$，化为了最

后左行的 60，30，20，15，12。将它们相加得 137，作为除数。将田的面

积步数 240，也按照 1 化为 60 的比例乘 60，作为被除数。相除得到田

长的步数。

【1】—【11】都可以用同样的方法求解，值得指出的是三点。其一，这

个算法事实上给出了一个求多个整数最小公倍数的算法，假设要求 2，3，

4，5 的最小公倍数，只需对 $1, \frac{1}{2}, \frac{1}{3}, \frac{1}{4}, \frac{1}{5}$ 用少广算法，那么 1 所化的结

果便是所求的最小公倍数。且该算法与各个分数的排列顺序无关。其

二,算法中所要求的每步约分并不是必须的,但是不这样做会带来两个后果:一是最后一步用到的通分中每一步所用的分母的乘积不再是所有分母的最小公倍数,而只是某一个公倍数而已,也就是说上面提到的最小公倍数算法不再成立;二是计算会变得更加复杂,《九章算术》原文【5】和【11】便是因此而没有给出最优解,有兴趣的读者可自行验证。其三,最后一步田的步数要乘的是通分中各个分母的积,而不是算法最后的左行行首。事实上,左行行首等于最初的整步数乘通分中各个分母的积,所以如果整步数不是1,可以用最后左行行首数除以最初右行行首数得到公分母。

　　"少广"卷的前十一题以分母逐次递增的单分数连加为题设,很容易让熟悉现代数学的读者想到极限问题。这可能反映了中国古代在田亩的实际丈量中对误差的处理办法。

【一二】今有积五万五千二百二十五步,问:为方几何?答曰:二百三十五步。

【一三】又有积二万五千二百八十一步,问:为方几何?答曰:一百五十九步。

【一四】又有积七万一千八百二十四步,问:为方几何?答曰:二百六十八步。

【一五】又有积五十六万四千七百五十二步四分步之一,问:为方几何?答曰:七百五十一步半。

【一六】又有积三十九亿七千二百一十五万六百二十五步,问:为方几何?答曰:六万三千二十五步。

开方〔叁〕术曰：置积为实。借一算，步之，超一等〔肆〕，议所得。以一乘所借一算为法，而以除〔伍〕。除已，倍法为定法〔陆〕。其复除，折法而下〔柒〕。复置借算，步之如初，以复议一乘之〔捌〕。所得副以加定法，以除。以所得副从定法〔玖〕。复除折下如前。若开之不尽者，为不可开，当以面命之〔壹拾〕。若实有分者，通分内子为定实，乃开之。讫，开其母，报除。若母不可开者，又以母乘定实，乃开之。讫，令如母而一。

〔叁〕求方幂之一面也。

〔肆〕言百之面十也。言万之面百也。

〔伍〕先得黄甲之面，上下相命，是自乘而除也。

〔陆〕倍之者，豫张两面朱幂定裹，以待复除，故曰定法。

〔柒〕欲除朱幂者，本当副置所得成方，倍之为定法，以折、议、乘，而以除。如是当复步之而止，乃得相命。故使就上折下。

〔捌〕欲除朱幂之角黄乙之幂，其意如初之所得也。

〔玖〕再以黄乙之面加定法者，是则张两青幂之裹。

〔壹拾〕术或有以借算加定法而命分者，虽粗相近，不可用也。凡开积为方，方之自乘当还复有积分。令不加借算而命分，则常微少；其加借算而命分，则又微多。其数不可得而定。故惟以面命之，为不失耳。譬犹以三除十，以其余为三分之一，而复其数可以举。不以面命之，加定法如前，求其微数。微数无名者以为分子，其一退以十为母，其再退以百为母。退之弥下，其分弥细，则朱幂虽有所弃之数，不足言之也。

原文翻译

　　【12】已知面积为 55 225（平方）步，若为正方形，问：边长是多少？ 答：边长为 235 步。

　　【13】又知正方形面积为 25 281（平方）步，问：边长是多少？ 答：边长为 159 步。

　　【14】又知正方形面积为 71 824（平方）步，问：边长是多少？ 答：边长为 268 步。

　　【15】又知正方形面积为 564 752 $\frac{1}{4}$（平方）步，问：边长是多少？ 答：边长为 751 $\frac{1}{2}$ 步。

　　【16】又知正方形面积为 3 972 150 625（平方）步，问：边长是多少？ 答：边长为 63 025 步。

注解

　　开高次方的一般算法是中国古代算学的突出成就之一，虽然直到宋代秦九韶的正负开方术才臻于完满，但其肇始却正是公元 1 世纪的《九章算术》。"少广"卷中剩下的部分作为目前可查的最早关于开平方和立方的完整算法，历来为人所重视。可惜的是，《九章算术》原文对算法的描述太过简练，不配合刘徽的注释很难理解。而即使是刘徽的注解，也仍需要大量的解释。因此，我们将算法的翻译糅和到下面的解读中，以期给出一个比较清楚全面的讲解。

　　开方算法，即正方形边长算法：以面积数作为"实"，按其数字位数确定"等"位，也就是答案数字的最高位。就开方而论，满百位不足万位的数以"十"为"等"位，满万位不足百万位的数以"百"为"等"位，以此类推。在"等"位上假设一个筹数（0 到 9），比如"等"为百，就先假设有一个数在百位上。要确定这一假设的算筹的筹数,令其(带等)自乘一次,用"实"减去这一乘积,则所需的筹数为使得这一差值大于等于 0 的最大个位数。记下此差,称为新的"实"。称此筹数(带位数)为"法",称此筹数(带位数)加倍为"定法"。在"等"位的下一位再假设一个筹数,若"等"位是百位,即是在十位上假设一个数。要确定这一算筹的筹数,用前面得到的"实"除以定法,则这一位的筹数即是(带位数)不大于该商,且满足:用"实"减去定法和该筹数(带位数)的乘积,再减去该筹数(带位数)的平方,其结果仍大于等于 0 的最大个位数(0 到 9)。将该结果作为新的"实"。将第二次算得的筹数(带位数)加上"法"作为新的"法",将新"法"加倍作为新的"定法"。若此时新的"实"为零,则算法结束,开方结果即为"法"。若不然,将假设的算筹再下移一位,其筹数为(带位数)不大于"实"除以"定法"的商的最大个位数,以"实"减去此筹数(带位数)和"定法"的乘积,再减去此筹数(带位数)的平方,结果作为新的"实";以此筹数加"法"为新"法";新"法"加倍为新"定法"。重复上述过程,称为开方。如果开方不尽,称为"不可开",此时就将这个边长称为面积数的"面",就如今天所谓"某数的平方根"。如果被开方数中有分数,以整数部分乘分母,再加分子作为"定实",对它开方。算完后,再对分母开方,所得相除。如果分母"不可开",就先用分母乘"定实",所得再做开方,其结果除以分母,再约分化作带分数。

上面的解释并没有逐字翻译《九章算术》开方术的原文,而是给出了一个相对"代数"的解法。主要的不同是使用"用'实'减去定法和该筹数(带位数)的乘积,再减去该筹数(带位数)的平方"的做法,代替了原文和刘徽注中一系列带"副置"的操作。刘徽的做法是用"实"先减去法和筹数之和与筹数的乘积,再减去法与筹数的乘积。两者本质上当然是一样的。我们这样做的原因有两个:一是原文和刘徽注的操作实质上是在用"割补法"求图 4-5 中间曲尺形部分的面积,我们将在【22】的开立方算法中对更复杂的情况仔细解释这种做法;二是我们希望能让今天的读者

对开平方算法先有一个(在今天看来)更为直接的，
或者说更接近今天的"算法"的理解。

　　刘徽的理解是几何的，他在这里用图解释了开
方算法的基本思想，我们现在结合刘徽的注和上面
的算法来看一下【14】。如图 4 - 4，假设有一正方形

图 4 - 4

面积为 71 824，要求其边长。71 824 满万而不满百万，所以其等为"百"，
也就说正方形边长的最高位是"百"位。

　　所以首先以"百"为单位丈量正方形的边长，直到剩余的长度不满一
百为止，此时已度量的正方形(图中黄甲部分)即是边长以百为单位，面
积不大于 71 824 的最大正方形。反映到算法上，便是在图 4 - 7 第二栏
最上方确定百位上的筹数为 2。这是因为 $200 \times 200 = 40\,000 < 71\,824$，而

$300 \times 300 = 90\,000 > 71\,824$。所以黄甲面积为
$40\,000$，而接下去就只能用更小一阶的单位"十"来
丈量剩余的边长，直到再剩下的边长不满十为止。
第二次丈量后已丈量的部分被分为四部分，按刘徽
的图示，分别是第一次被丈量的黄甲，两边红色的
朱幂，以及右上角的小正方形黄乙，如图 4 - 5。

图 4 - 5

　　此时已丈量的部分即是边长以十为单位，面积不大于 71 824 的最大正
方形。以此条件来确定朱幂部分的短边长，即求最大朱幂短边长，使得

　　　已丈量部分的面积＝黄甲面积＋两倍朱幂面积＋黄乙面积

　　　　　　≤实＝71 824，

即：

　　　定法×10 十位筹数＋(10 十位筹数)²≤71 824 －(100 百位筹数)²
　　　　　　　　　　　＝新"实"＝31 824。

此时已可计算并填满图4－7第二栏中商以下的各项。由上式知,十位
筹数必不大于实除以定法的商7,所以从7开始往下试,得到6是满足
上式的最大整数。我们这样就得到了图

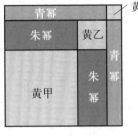

4－7第三栏中最上的十位算筹数6。同时
得到第三栏中新的定法520、此次丈量完后
已丈量部分和的新实4 224,以及两者的商
8。接下来我们要用更小的单位个位来丈
量剩下的部分,得到图4－6。

图4－6

我们需要确定青幂的短边长,即图4－7第四栏中个位上的筹数。
它是不大于8的最大整数,满足

$$定法×个位筹数＋个位筹数^2≤实。$$

试验得8满足条件。接着计算图4－7第四栏中的实和定法,得到此时新
“实”为零。开方过程停止,268即是71 824的平方根。

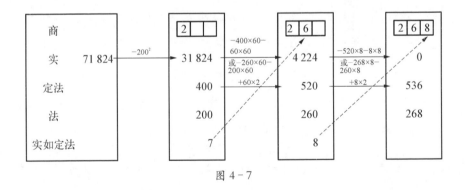

图4－7

刘徽和中国古代算学家已经意识到开方结果不一定是整数或者分
数。按中国古代的算学传统,处理这种情况的一种标准做法是为答案的
精确值找一个分数(有理数)逼近。刘徽在这里指出,其中一种方案是在
算到最小单位后,用最后一栏中的

$$\frac{实}{定法} \quad 或者 \quad \frac{实}{定法+1}$$

作为所求边长剩余部分的逼近。从现在数学分析的角度加以比较，这和利用函数 $\sqrt{x}$ 的一阶泰勒展开得到的逼近

$$\sqrt{x} \approx \sqrt{x_0} + \frac{x - x_0}{2\sqrt{x_0}}$$

是一致的，其中 x 是正方形的面积，x_0 是最后一次丈量得到的面积。就大部分古代的实际生产而言，这样的逼近已经足够。但是，刘徽对此仍不满意。用今天的话来说，他的理由是，这样的算法可以提供固定阶数的逼近，但无法提供任意阶数（即任意小）的逼近。所以，刘徽提供的做法是："加定法如前，求其微数。微数无名者以为分子，其一退以十为母，其再退以百为母。退之弥下，其分弥细，则朱幂虽有所弃之数，不足言之也。"意思就是：如果个位算完如果还有"实"的话，就再往后退到十分位（以十为母），用同样的算法算出十分位上的筹数；若还不够，就再退到百分位（以百为母）……如此等而下之，退的位数越多，丈量的尺度就会越细，虽然仍有误差，但也小到"不足言"了。这里若深究，"足"为"能够"的意思，即是说任何小的单位，只要退得足够，就无法衡量（大过于）这误差了，这和今天极限无穷小的定义一致。

《九章算术》原文此处有"开之不尽，以面命之"一句，将（无法开尽的）平方根定义为"面"，是中国古代算学涉及无理数运算的关键证据之一，前人已经多有论述。但是，这里刘徽对这种做法的解释也很值得注意："其数不可得而定。故惟以面命之，为不失耳。譬犹以三除十，以其余为三分之一，而复其数可以举。"用今天的话来解释，就是：开方结果的数无法精确确定，所以称之为"面"，使得平方之后不会得到较小的数。换句话说，开方作为平方的逆运算，其结果需要能在代回平方后得到原

被开方数，就像带分数和假分数的互相转化一样。所以，在方程

$$x^2 = a$$

无法找到精确解时，保持这个等式关系而定义一个形式解要优先于使用一个近似解，哪怕这个近似解的误差可以非常小。这样的代数思想是非常先进的。我们或许可以大胆想象，若中国古代在实际生产中能碰到形如 $x^2 = -1$ 的方程，我们的祖先是不惮于假设一个满足平方等于 -1 的"数"的。

开带从平方算法：作为开平方算法的推论，《九章算术》事实上得出了求解部分形如：

$$x^2 + ax = b \qquad\qquad ①$$

的一元二次方程的方法。因为 $x^2 + ax = x(x+a)$，其中的 a 在古代被称为"从法"，所以解这样的方程被称为"开带从平方"。之所以说只是部分方程的解法，是因为由开平方法所引申得来的开带从平方法需要要求 a,b 均大于 0。如何通过开平方算法来得到开这一类带从平方的算法呢？假设我们在某一次开方算法中已经完成了如图 4-7 的第二栏中对"实"的最高位试算，那么我们已经得到了"实"的最高位的值 a'（带位数）和"差"b，而接下去在开平方算法中所做的，事实上便是解方程：

$$x^2 + 2a'x = b。$$

令 $a = 2a'$，便得到形如①的方程。所以，开带从平方①，可以想象为正试着丈量一个未知正方形的边长，只用长度 $a' = \dfrac{1}{2}a$ 量过一次，并且已知剩余部分面积为 b。所以整个正方形的面积为 $b + \left(\dfrac{1}{2}a\right)^2$，开方即得正

方形边长,再减去 $\frac{1}{2}a$,即为所求解。

《九章算术》只在"勾股"卷【20】中用到了开带从平方算法,但并没有具体计算过程。流行的解释是开带从平方的算法已经包含在开平方算法中,这样的说法是正确的。事实上,仔细考察开平方算法的几何意义,就会发现上面的迂回解法是不必要的。下面,我们以"勾股"卷【20】中需要计算的带从平方为例,结合图形进行说明。

【例】开带从平方 $x^2 + 34x = 71\,000$。

算法:按上面的解释,开此带从平方相当于一个正方形一角有一个边长为 17 的小正方形黄甲,剩余部分面积为"实"71 000,如图 4 - 8。

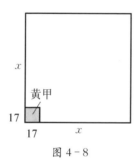
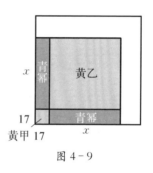

图 4 - 8 图 4 - 9

现在希望可以接着完成剩余边长的度量。和开平方算法一样,设法为17,定法为 34。由实 = 71 000,可以确定边长的"等"位为百位,故仍以百为单位继续度量边长。如图 4 - 9,得到中央大正方形黄乙和边上两块青幂。按筹算,即是在百位置一筹,要知道其筹数,需要判定是否有:

$$10\,000\,\text{百位筹数}^2 + 100\,\text{百位筹数} \times \text{定法} \leqslant \text{实} = 71\,000,$$

且使得筹数最大。同样可以以"定法如实",得到百位筹数上界的为 2,验证成立。所以百位筹数是 2,剩余部分面积为新的"实":

$$\text{实} = 71\,000 - 10\,000\,\text{百位筹数}^2 - 100\,\text{百位筹数} \times \text{定法} = 24\,200。$$

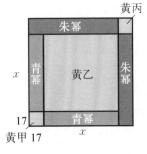

图 4-10

此时新的法为 200 + 17 = 217，新的定法为 217×2 = 434。下一步以十为单位进行测量，如图 4-10。按筹算，即是在十位置一筹，要知道其筹数，需要判定是否有：

$$100 \text{十位筹数}^2 + 10 \text{十位筹数} \times \text{定法}$$
$$\leqslant \text{实} = 24\,200$$

且使得筹数最大。同样可以以"定法如实"，得到十位筹数的上界为 5，验证成立，且恰好有 $100×5^2 + 10×5×434 = 24\,200$。所以十位筹数是 5，且剩余长度恰为 250。可见，开带从平方算法本质上与开平方算法完全一致。

【一七】今有积一千五百一十八步四分步之三，问：为圆周几何？答曰：一百三十五步〔壹拾壹〕。

【一八】又有积三百步，问：为圆周几何？答曰：六十步〔壹拾贰〕。

开圆术曰：置积步数，以十二乘之，以开方除之，即得周〔壹拾叁〕。

〔壹拾壹〕于徽术，当周一百三十八步一十分步之一。

〔壹拾贰〕于徽术，当周六十一步五十分步之十九。

〔壹拾叁〕此术以"周三径一"为率，与旧圆田术相返覆也。于徽术，以三百一十四乘积，如二十五而一，所得开方除之，即周也。开方除之即径。是为据见幂以求周，犹失之于微少。其以二百乘积，一百五十七而一，开方除之即径，犹失之于微多。

原文翻译

【17】已知圆形面积为 $1\,518\frac{3}{4}$（平方）步，问：圆周长是多少？答：135 步。

【18】又有圆形面积为 300（平方）步，问：圆周长是多少？答：60 步。

开圆算法：列出面积的（平方）步数，乘 12，再开方，就得到了圆周长。

注解

刘徽注明确说明，这里的开圆算法和“方田”卷的圆田算法（即圆面积算法）互逆。同时，若取圆周率为 3.14，那么可以用圆面积乘 314 再除以 25，所得结果开平方便是圆周长，但略小于实际值。也可以用圆面积乘 200 再除以 157，所得结果开平方即为直径，但略大于实际值。感兴趣的读者可以试着用徽率 3.14 算一下，看看和刘徽的答案 $\left(138\frac{1}{10}\text{和}61\frac{19}{50}\right)$ 是否一致。

【一九】今有积一百八十六万八百六十七尺〔壹拾肆〕，问：为立方几何？答曰：一百二十三尺。

【二十】又有积一千九百五十三尺八分尺之一，问：为立方几何？答曰：一十二尺半。

【二一】又有积六万三千四百一尺五百一十二分尺之四百四十七，问：为立方几何？答曰：三十九尺八分尺之七。

【二二】又有积一百九十三万七千五百四十一尺二十七分尺之一十七，问：为立方几何？答曰：一百二十四尺太半尺。

开立方〔壹拾伍〕 **术曰:** 置积为实。借一算,步之,超二等〔壹拾陆〕,议所得。以再乘所借一算为法,而除之〔壹拾柒〕。除已,三之为定法〔壹拾捌〕。复除,折而下〔壹拾玖〕。以三乘所得数,置中行〔贰拾〕。复借一算,置下行〔贰拾壹〕。步之,中超一,下超二等〔贰拾贰〕。复置议,以一乘中〔贰拾叁〕,再乘下〔贰拾肆〕,皆副以加定法。以定法除〔贰拾伍〕。除已,倍下并中,从定法〔贰拾陆〕。复除,折下如前。开之不尽者,亦为不可开〔贰拾柒〕。若积有分者,通分内子为定实。定实乃开之。讫,开其母以报除。若母不可开者,又以母再乘定实,乃开之。讫,令如母而一。

〔**壹拾肆**〕此尺谓立方尺也。凡物有高、深而言积者,曰立方。

〔**壹拾伍**〕立方适等,求其一面也。

〔**壹拾陆**〕言千之面十,言百万之面百。

〔**壹拾柒**〕再乘者,亦求为方幂。以上议命而除之,则立方等也。

〔**壹拾捌**〕为当复除,故豫张三面,以定方幂为定法也。

〔**壹拾玖**〕复除者,三面方幂以皆自乘之数,须得折、议,定其厚薄尔。开平幂者,方百之面十;开立幂者,方千之面十。据定法已有成方之幂,故复除当以千为百,折下一等也。

〔**贰拾**〕设三廉之定长。

〔**贰拾壹**〕欲以为隅方。立方等未有定数,且置一算定其位。

〔贰拾贰〕上方法，长自乘而一折，中廉法，但有长，故降一等；下隅法，无面长，故又降一等也。

〔贰拾叁〕为三廉备幂也。

〔贰拾肆〕令隅自乘，为方幂也。

〔贰拾伍〕三面、三廉、一隅皆已有幂，以上议命之而除，去三幂之厚也。

〔贰拾陆〕凡再以中、三以下，加定法者，三廉各当以两面之幂连于两方之面，一隅连于三廉之端，以待复除也。言不尽意，解此要当以綦（qí），乃得明耳。

〔贰拾柒〕术亦有以定法命分者，不如故幂开方，以微数为分也。

原文翻译

【19】已知正方体体积为 1 860 867（立方）尺，问：棱长为多少？答：棱长为 123 尺。

【20】又有正方体体积为 1 953 $\frac{1}{8}$（立方）尺，问：棱长为多少？答：棱长为 12 $\frac{1}{2}$ 尺。

【21】又有正方体体积为 63 401 $\frac{447}{512}$（立方）尺，问：棱长为多少？答：棱长为 39 $\frac{7}{8}$ 尺。

【22】又有正方体体积为 1 937 541 $\frac{17}{27}$（立方）尺，问：棱长为多少？

答：棱长为 $124\frac{2}{3}$ 尺。

注解

　　和开平方算法一样，我们将原文翻译和刘徽注糅和到解读中，希望能给读者一个较为清晰的介绍。

　　开立方算法：以体积数作为"实"，按其位数确定"等"位。就开立方而论，满千位不足百万位的数以十位为"等"位，满百万位不足十亿位的数以百位为"等"位，以此类推。在行首放置算筹，以备记录每一步计算。先在"等"位上假设一个筹数（0 到 9），比如"等"为百，就先假设一个算筹在百位上。要确定这一假设的算筹的筹数，令其（带等）自乘两次（即求立方），用"实"减去这一乘积，则此筹数为使得这一差值大于等于 0 的最大个位数。记下此差，称为新"实"。称此筹数（带位数）自乘一次为"法"，将三倍的法称为"定法"。在"等"位的下一位再假设一个算筹，若"等"位是百位，即是在十位上假设一个算筹。要确定这一算筹的筹数，用前面得到的"实"除以"定法"，则这一位的筹数是（带位数）不大于该商的某个个位数（0 到 9）。不妨先假设此筹数即为（带位数）不大于该商的最大个位数，进一步讨论：另设这一行的中、下两个位置，将"等"位上（已确定）的筹数（带位数）乘 3，再乘假设的筹数（带位数）放在中位上；将假设的筹数（带位数）自乘一次放到下位上。用定法加中位筹数和下位筹数，用"实"除以所得的结果，若所得大于等于假设筹数，则此筹数即为所求；否则，令假设筹数减去 1，重复上述做法，直到"实"除以三位相加之和大于等于假设的筹数为止。完成这一步后，用定法、中、下位筹数（带位数）之和乘新确定的筹数（带位数），用"实"减去所得结果作为新的"实"；将定法、中、下位筹数（带位数）之和，加上下位筹数（带位数）的两倍，再加上中位筹数（带位数），作为新的"定法"。若此时新的"实"为零，则算法结束,开立方结果即为各位上已确定筹数(带位数)之和;否则,将假设的算筹再下移一位,重复上述过程。如果开立方不尽,也称为"不可开"。如果被开立方数中有分数,以整数部分乘分母,再加分子作为"定实",对它开立方。算完后,再对分母开立方,所得相除。如果分母"不可开",就先用分母的平方乘"定实",所得再开立方,其结果除以分母,再约分化作带分数。

《九章算术》开立方算法的本质和开平方算法相同,但要复杂一些,其原理应该同样是来自实际的丈量工作。我们结合刘徽的注释和图解,以【19】为例作说明。设有一体积为 1 860 867 的正方体,要求其边长。首先确定其"等"为"百",也就是边长的最高位是百位。容易得边长的百位数是 1,从测量的角度看,就是用"一百"做单位来测量正方体的棱长,量一次不够,而量两次则过了。将已丈量的部分切开,剩余部分的体积即为"实",它是大正方体与小正方体体积的差:1 860 867 - 1 000 000 = 860 867。如图 4 - 11,剩余部分可以被分为三个墙体"面"、三条方柱"廉"和一个小正方体"隅"。将百位数 1 和"实"填入下面图 4 - 15 中的第一栏和第二栏。

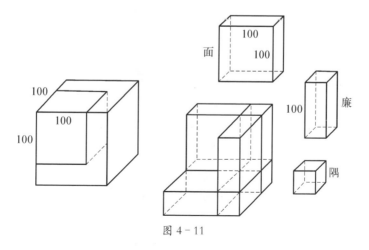

图 4 - 11

接下来退位，以"十"为单位丈量正方体棱长剩余的部分，也就是面的短棱、廉的底棱或隅的棱长。将三个面、三条廉和一个隅重新组合，得到如图 4 - 12 的图形：其高为剩余边长，其底面积为

3×面的墙面面积＋3×廉的侧面面积＋隅的底面面积。

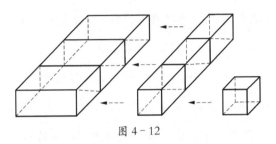

图 4 - 12

其中，第一部分已知，为 3 倍的已测棱长的平方＝30 000，这就是定法，填入图 4 - 15 第二栏。于是显然有

$$剩余棱长 < \frac{实}{定法}。$$

其中实除以定法的商即是所谓的"实如定法"，将定法和实如定法填入图 4 - 15 第二栏。

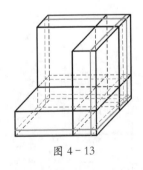

图 4 - 13

以十为单位丈量数次直到下一次丈量超出剩余部分为止，则此丈量次数就是所求的第二位（即十位）筹数，它当然是一个个位整数，并且此筹数乘 10 要满足上面的不等式。从另一个角度看，经过再一次度量后，可以进一步将剩余部分体积如图 4 - 13 分割。其中，新丈量部分得到新的三个面、三条廉和一个隅，其体积为：

10 十位筹数×[定法＋100 百位筹数×3×10 十位筹数＋(10 十位筹数)^2]。

其中，100 百位筹数×3×10 十位筹数即为图 4 - 15 第二栏中的中位，

$(10$ 十位筹数$)^2$ 即为图 4-15 第二栏中的下位。因为第二次丈量多测一次便会超出原来的正方体，所以必然有：

$$10 \text{ 十位筹数} \times (\text{定法} + \text{中位} + \text{下位}) \leqslant \text{实}，$$

而

$$10(\text{十位筹数} + 1) \times (\text{定法} + \text{中位} + \text{下位}) \geqslant \text{实}。$$

因此，十位筹数必须是不大于商且满足上面第一个不等式的最大个位数。在图 4-15 第二栏中，实如定法为 28，故先设十位筹数为 2（带位数为 20＜28），算得中位 6 000，下位 400，10 十位筹数 ×（定法 + 中位 + 下位）= 728 000＜实 = 860 867。所以十位筹数为 2。

经过两次丈量，原体积的剩余部分可以被切割为三个更"扁"的面、三条更"窄"的廉和一个更小的隅，如图 4-14。其体积为第一次测量后的实减去新测量部分的体积，即是

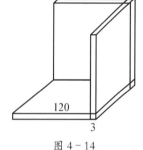

图 4-14

$$\text{实} - 10 \text{ 十位筹数} \times (\text{定法} + \text{中位} + \text{下位})。$$

这就是图 4-15 中第二栏到第三栏的第一个计算。同时，新的定法为 3 倍的新面的墙面面积，由简单的面积讨论，即有

$$\text{新定法} = \text{定法} + \text{中位} + \text{下位} + 2 \text{ 下位} + \text{中位}。$$

这就是图 4-15 第二栏到第三栏的第二个计算。在确定了第三栏中的实 132 867 和定法 43 200 后，知实不等于 0，所以还需要以个位进行丈量。此时第三栏中的实如定法为 3，故先设个位筹数为 3 加以验算，得中位 1 080，下位 9，

$$\text{个位筹数} \times (\text{定法} + \text{中位} + \text{下位}) = 3 \times (43 200 + 1 080 + 9)$$
$$= 132 867 = \text{实}。$$

所以3即为个位筹数且新实为0,即 $123^3 = 1\,860\,867$,如图 4-15 最后一栏。

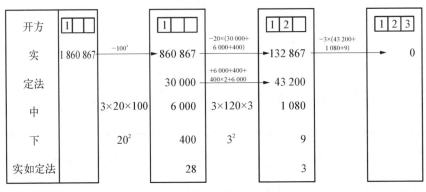

图 4-15

　　回顾《九章算术》中的开平方算法和开立方算法,显见其基本思路来源于几何和实际测量。但是熟悉现代代数的读者不难看到,其中基本的代数原理是反复利用二项式定理

$$(a+b)^2 = a^2 + 2ab + b^2$$

和

$$(a+b)^3 = a^3 + 3a^2b + 3ab^2 + b^3$$

对方根不断进行退位估计。这一算法后来被中国古代的数学家贾宪、刘益、秦九韶、杨辉、李冶、李世杰等人推广到了开任意高次方的情形,是中国古代算术和代数学的伟大成就。

　　【二三】今有积四千五百尺[贰拾捌]。问:为立圆径几何?答曰:二十尺[贰拾玖]。

　　【二四】又有积一万六千四百四十八亿六千六百四十三万七千五百尺。问:为立圆径几何?答曰:一万四千三百尺[叁拾]。

开立圆术曰：置积尺数，以十六乘之，九而一，所得，开立方除之，即立圆径〔叁拾壹〕。

〔**贰拾捌**〕亦谓立方之尺也。

〔**贰拾玖**〕依密率，立圆径二十尺，计积四千一百九十尺二十一分尺之一十。

〔**叁拾**〕依密率，为径一万四千六百四十三尺四分尺之三。

〔**叁拾壹**〕立圆，即丸也。为术者，盖依"周三径一"之率。令圆幂居方幂四分之三，圆囷（qūn）居立方亦四分之三。更令圆囷为方率十二，为丸率九，丸居圆囷又四分之三也。置四分自乘得十六，三分自乘得九，故丸居立方十六分之九也。故以十六乘积，九而一，得立方之积。丸径与立方等，故开立方而除，得径也。然此意非也。何以验之？取立方棊八枚，皆令立方一寸，积之为立方二寸。规之为圆囷，径二寸，高二寸。又复横因之，则其形有似牟合方盖矣。八棊皆似阳马，圆然也。按合盖者，方率也，丸居其中，即圆率也。推此言之，谓夫圆囷为方率，岂不阙哉？以"周三径一"为圆率，则圆幂伤少；令圆囷为方率，则丸积伤多，互相通补，是以九与十六之率偶与实相近，而丸犹伤多耳。观立方之内，合盖之外，虽衰杀有渐，而多少不掩。判合总结，方圆相缠，浓纤诡互，不可等正。欲陋形措意，惧失正理。敢不阙疑，以俟能言者。

黄金方寸，重十六两；金丸径寸，重九两，率生于此，未曾验也。《周官·考工记》："栗氏为量，改煎金锡则不耗，不耗然后权之,权之然后准之,准之然后量之。"言炼金使极精,而后分之则可以为率也。令丸径自乘,三而一,开方除之,即丸中之立方也。假令丸中立方五尺,五尺为句,句自乘幂二十五尺。倍之得五十尺,以为弦幂,谓平面方五尺之弦也。以此弦为股,亦以五尺为句,并句股幂得七十五尺,是为大弦幂。开方除之,则大弦可知也。大弦则中立方之长邪,邪即丸径。故中立方自乘之幂于丸径自乘之幂,三分之一也。今大弦还乘其幂,即丸外立方之积也。大弦幂开之不尽,令其幂七十五再自乘之为面,命得外立方积四十二万一千八百七十五尺之面。又令中立方五尺自乘,又以方乘之,得积一百二十五尺。一百二十五尺自乘,为面,命得积一万五千六百二十五尺之面。皆以六百二十五约之,外立方积,六百七十五尺之面,中立方积,二十五尺之面也。

　　张衡算又谓立方为质,立圆为浑。衡言质之与中外之浑:六百七十五尺之面,开方除之,不足一,谓外浑积二十六也;内浑二十五之面,谓积五尺也。今徽令质言中浑,浑又言质,则二质相与之率犹衡二浑相与之率也。衡盖亦先二质之率推以言浑之率也。衡又言:"质,六十四之面;浑,二十五之面。"质复言浑,谓居质八分之五也。又云:"方,八之面;圆,五之面。"圆浑相推,知其复以圆囷为方率,浑为圆率也,失之远矣。衡说之自然欲协其阴阳奇偶之说而不顾疏密矣。虽有文辞,斯乱道破义,病也。置外质积二十六,以九乘之,十六而一,得积十四尺八分尺之五,即质中之浑也。以分母乘全内子,得一百一十七。又置内质积五,以分母乘之,得四十,是谓质居浑一百一十七分之四十,而浑率犹为伤多也。假令方二尺,方四面,并得八尺也,谓之方周。其中令圆径与方等,亦二尺也。圆半径以乘圆周之半,即圆幂也。半方以乘方周之半,即方幂也。然则方周者,方幂之率也;圆周者,圆幂之率也。按如衡术,方周率八之面,圆周率五之面也。令方周六十四尺之面,圆周四十尺之面也。又令径二尺自乘,得径四尺之面,是为圆周率十之面,而径率一之面也。衡亦以"周三径一"之率为非,是故更著此法,然增周太多,过其实矣。

原文翻译

【23】已知球体体积为 4 500(立方)尺,问:直径是多少? 答:直径为 20 尺。

【24】已知球体体积为 1 644 866 437 500(立方)尺,问:直径是多少? 答:直径为 14 300 尺。

开立圆算法: 取体积数,与 16 相乘,再除以 9,所得开立方,即得到球体的直径。

注解

所谓立圆,即是指球体。《九章算术》原文中已知球体体积计算直径的思路和已知圆形面积计算直径的思路是一致的,即利用圆(球)和其外接正方形(正方体)的面积(体积)比值,化圆为方进行计算。如图 4－16,假设球内切于正方体,那么球内切于以正方体底面内切圆为底的内切圆柱体(圆囷)。此时球内切于这个圆柱体,而圆柱体与正方体的体积比是

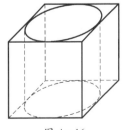

图 4－16

3∶4,因为对每一个平行于底面的截面,所截得的圆面积总是正方形面积的四分之三,即"令圆幂居方幂四分之三,圆围居立方亦四分之三"。然而《九章算术》原文进一步认为球体积是这个圆柱体体积的四分之三,正如刘徽所指出的,即使按周三径一的圆周率,这也是不正确的。为什么呢?刘徽再次用模型加以解释。将这个正方体连圆柱体横放,从正方体的另一侧面作以此侧面为底面的内切圆柱体。两个圆柱体共同截出一个所谓的"牟合方盖",并且球内切于它,如图4-17。

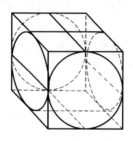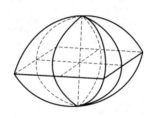

图 4-17

对于这个牟合方盖,它的每一个横截面都是一个正方形,若是考虑这个正方形的内切圆,则正是原来正方体内切球的横截面。所以,对正方体的每一个横截面,有正方体内切球的截面面积是牟合方盖的截面面积的四分之三。因此正方体内切球的体积是牟合方盖的四分之三。而牟合方盖的体积显然小于圆柱的体积,所以球的体积必然小于正方体体积的十六分之九。那么,如何求牟合方盖的体积呢?刘徽考虑了八分之一的正方体去掉八分之一个牟合方盖的部分,如图4-18所示,但"观立

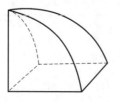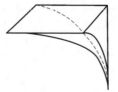

图 4-18

方之内,合盖之外,虽衰杀有渐,而多少不掩。判合总结,方圆相缠,浓纤诡互,不可等正。"因为无法完全厘清其中的关系,所以刘徽没有草率留下自己不成熟的结论,而是将问题留给了后来者:"欲陋形措意,惧失正理。敢不阙疑,以俟能言者。"

　　刘徽的这一段讨论是中国古代数学最华彩的篇章之一,它阐述了一个原理,指明了一个方向,留下了一种精神。在讨论中,刘徽两次用到了下面这个原理:对等高的两物体,若它们每一个等高横截面的比值相同,则这一比值就是它们体积的比值。这一原理现在被称为祖氏原理或祖暅原理,因为后来被祖冲之父子用来建立了正确的球体积公式而为世人所重。祖冲之之子祖暅发现刘徽所考虑过的"立方之内,合盖之外"的图形和与之等高的倒立正四棱锥(即底面边长和高相等的四棱锥)的横截面积相等,如下图 4-19。

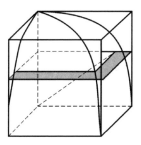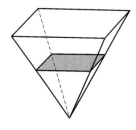

图 4-19

于是利用祖暅原理(吴文俊称之为"刘祖原理")求出牟合方盖的体积为其外接正方体的三分之二,从而得到了正确的球体积公式。这正是沿着刘徽指出的道路取得的成果。作为后来者,我们或许无法成为刘徽所期待的像祖暅那样的"能言者",但至少可以继承他"惧失正理"的数学态度和"敢不阙疑,以俟能言者"的胸襟。

卷五　商功

商　　功[壹]

[壹] 以御功程积实。

注解

"商功"一卷，主要处理工程中各种和体积有关的计算。

相对于第一卷"方田"，这一卷处理的多是相对规则的立体图形，但是其中"以盈补虚"的思想是一脉相承的。卷名中的"功"指工程量或"人工"。因为古代工程多涉及徭役，所以体积的计算经常关系到项目工程量和工人工作量的定量计算。

【一】今有穿地，积一万尺。问：为坚、壤各几何？答曰：为坚七千五百尺；为壤一万二千五百尺。

术曰：穿地四，为壤五[贰]，为坚三[叁]。为墟四[肆]。以穿地求壤，五之；求坚，三之；皆四而一[伍]。以壤求穿，四之；求坚，三之;皆五而一。以坚求穿,四之;求壤,五之;皆三而一。

〔贰〕壤谓息土。

〔叁〕坚谓筑土。

〔肆〕墟谓穿坑。此皆其常率。

〔伍〕今有术也。

原文翻译

【1】假设挖地体积一万(立方)尺。问:折合坚土、松土各多少? 答:折合坚土 7 500(立方)尺;折合松土 12 500(立方)尺。

算法:不同土质的施工难度不同,所以针对不同土质的工程量(挖土方数)需要进行换算。其换算的比率规定为挖地 4(立方)可换算松土 5(立方)或者坚土 3(立方)。用挖地的体积折算松土的体积,乘 5;折算坚土的体积,乘 3;然后都除以 4。用松土的体积折算挖地的体积,乘 4;折算坚土的体积,乘 3;然后都除以 5。用坚土的体积折算挖地的体积,乘 4;折算松土的体积,乘 5;然后都除以 3。

注解

这些都是"粟米"卷今有术的应用。

城、垣、堤、沟、堑、渠,皆同术。

术曰: 并上下广而半之[陆],以高若深乘之,又以袤乘之,即积尺[柒]。

【二】今有城,下广四丈,上广二丈,高五丈,袤一百二十六丈五尺。问:积几何? 答曰:一百八十九万七千五百尺。

【三】今有垣，下广三尺，上广二尺，高一丈二尺，袤二十二丈五尺八寸。问：积几何？答曰：六千七百七十四尺。

【四】今有堤，下广二丈，上广八尺，高四尺，袤一十二丈七尺。问：积几何？答曰：七千一百一十二尺。

冬程人功四百四十四尺，问：用徒几何？答曰：一十六人一百一十一分人之二。

术曰：以积尺为实，程功尺数为法，实如法而一，即用徒人数。

【五】今有沟，上广一丈五尺，下广一丈，深五尺，袤七丈。问：积几何？答曰：四千三百七十五尺。

春程人功七百六十六尺，并出土功五分之一，定功六百一十二尺五分尺之四。问：用徒几何？答曰：七人三千六十四分人之四百二十七。

术曰：置本人功，去其五分之一，余为法〔捌〕；以沟积尺为实；实如法而一，得用徒人数〔玖〕。

【六】今有堑，上广一丈六尺三寸，下广一丈，深六尺三寸，袤一十三丈二尺一寸。问：积几何？答曰：一万九百四十三尺八寸〔壹拾〕。

夏程人功八百七十一尺，并出土功五分之一，沙砾水石之功作太半，定功二百三十二尺一十五分尺之四。问：用徒几何？答曰：四十七人三千四百八十四分人之四百九。

术曰：置本人功，去其出土功五分之一，又去沙砾水石之功太半，余为法；以堑积尺为实。实如法而一，即用徒人数〔壹拾壹〕。

【七】今有穿渠，上广一丈八尺，下广三尺六寸，深一丈八尺，袤五万一千八百二十四尺。问：积几何？答曰：一千七万四千五百八十五尺六寸。

秋程人功三百尺，问：用徒几何？答曰：三万三千五百八十二人功，内少一十四尺四寸。

一千人先到，问：当受袤几何？答曰：一百五十四丈三尺二寸八十一分寸之八。

术曰：以一人功尺数，乘先到人数，为实〔壹拾贰〕；并渠上下广而半之，以深乘之，为法〔壹拾叁〕。实如法得袤尺。

〔陆〕损广补狭。

〔柒〕按此术，并上下广而半之者，以盈补虚，得中平之广。以高若深乘之，得一头之立幂。又以袤乘之者，得立实之积，故为积尺。

〔捌〕去其五分之一者，谓以四乘，五除也。

〔玖〕按此术，置本人功，去其五分之一者，谓以四乘之，五而一，除去出土之功，取其定功。乃通分内子以为法。以分母乘沟积尺为实者，法里有分，实里通之，故实如法而一，即用徒人数。此以一人之积尺除其众尺，得用徒人数。不尽者，等数约之而命分也。

〔壹拾〕八寸者，谓穿地方尺，深八寸。此积余有方尺中二分四厘五毫，弃之。贵欲从易，非其常定也。

〔壹拾壹〕按此术,置本人功,去其出土功五分之一者,谓以四乘,五除。又去沙砾水石作太半者,一乘,三除,存其少半,取其定功。乃通分内子以为法。以分母乘堑积尺为实者,为法里有分,实里通之,故实如法而一,即用徒人数。不尽者,等数约之而命分也。

〔壹拾贰〕以一千人一日功为实。

〔壹拾叁〕以渠广深之立幂为法。

原文翻译

城(城墙)、垣(土墙)、堤(堤坝)、沟(水沟)、堑(护城河)、渠(渠道)的形状类似,都是平放的横截面为梯形的柱体,如图5-1,所以它们的体积算法相同。在这里我们仍称横截面梯形的上底和下底为上宽和下宽。

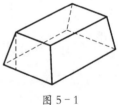

图 5-1

算法:取上、下宽之和的一半,先乘高或深,再乘长,就得到体积。

【2】已知城墙下宽4丈,上宽2丈,高5丈,长126丈5尺。问:它的体积是多少? 答:1 897 500(立方)尺。

【3】已知土墙下宽3尺,上宽2尺,高1丈2尺,长22丈5尺8寸。问:它的体积是多少? 答:6 774(立方)尺。

【4】已知堤坝下宽2丈,上宽8尺,高4尺,长12丈7尺。问:它的体积是多少? 答:7 112(立方)尺。

冬季时规定每人每天的工作量为444(立方)尺。问:(完成堤坝的修建)需要多少劳力? 答:$16\frac{2}{111}$人。

算法：以（堤坝的）体积的（立方）尺数为"实"，每人每天的工作量为"法"，以"法"除"实"，就得到需要的劳力数。

【5】已知水沟上宽1丈5尺，下宽1丈，深5尺，长7丈。问：它的容积是多少？答：4 375（立方）尺。

春季时规定每人每天的工作量为766（立方）尺，挖水沟出土的工作量按 $\frac{1}{5}$ 折算，所以"定功"为612 $\frac{4}{5}$（立方）尺。问：需要多少劳力？答：7 $\frac{427}{3\,064}$ 人。

算法：取原规定每人每天的工作量，减去其中 $\frac{1}{5}$ 的出土工作量，剩下的部分作为"法"；以水沟容积的（立方）尺数作为"实"。以"法"除"实"，就得到需要的劳力数。

【6】已知护城河上宽1丈6尺3寸，下宽1丈，深6尺3寸，长13丈2尺1寸。问：它的容积是多少？答：10 943（立方）尺800（立方）寸。（省略0.024 5立方尺。）

夏季时规定每人每天的工作量为871（立方）尺，出土的工作量按 $\frac{1}{5}$ 折算，沙砾水石的工作量按 $\frac{2}{3}$ 计算，其"定功"为232 $\frac{4}{15}$（立方）尺。问：需要多少劳力？答：47 $\frac{409}{3\,484}$ 人。

算法：取原规定每人每天的工作量，减去其中占 $\frac{1}{5}$ 的出土工作量，再减去占 $\frac{2}{3}$ 的沙砾水石的工作量，剩下的部分"定功"作为"法"；以护城河的体积的（立方）尺数为"实"。以"法"除"实"，就得到需要的劳力数。

【7】要挖渠道，要求它的上宽 1 丈 8 尺，下宽 3 尺 6 寸，深 1 丈 8 尺，长 51 824 尺。问：它的体积是多少？答：10 074 585（立方）尺 600（立方）寸。

秋季时规定每人每天的工作量为 300（立方）尺。问：（挖好渠道）需要多少劳力？答：33 582 人，但要减去 14（立方）尺 400（立方）寸的工程量（因为多挖了）。

如果先到了 1 000 人，问：他们承担多长的渠道工程量？答：154 丈 3 尺 $2\frac{8}{81}$ 寸。

算法： 用每人每天的工作量的（立方）尺数乘先到的人数作为"实"；取渠道的上、下宽之和的一半，再用深度乘它，作为"法"。以"法"除"实"就得到（需要承担的）长度的尺数。

注解

从刘徽的注中可以看出中国古代已经了解柱体体积的公式为底面积乘高（垂直柱体）或横截面积乘长（袤）（水平柱体），这里的城、垣、堤、沟、堑、渠都属于后者。刘徽指出该体积公式的前半部分 $\frac{1}{2}$（上宽＋下宽）×高是先用以盈补虚思想求横截面面积，然后乘长，得到体积。如果是沟、堑、渠等，公式中的高就改为深。

古代官方施工实行定额管理，规定每个劳力在不同季节不同工程中一个劳动日需完成的工程定量，即每人每天的工作量。比如题【4】中的"冬程人功"，便指冬季时规定的每人每天的工作量。题干不涉工作天数时，默认工程是一天完成。

细心的读者可能已经注意到【6】原文答案为"10 943 尺 8 寸"，这并非是《九章算术》有误。我们在"少广"卷开头提到，古代固定长方形一边的长度为一个单位，而用另一边的长度来指代面积。体积也可以用同样的表示方法，所以这里的 8 寸指的是以 1 平方尺为底面积、以 8 寸为高的长方体体积。换算则为 800 立方寸。下面各题在计算体积时多用这种记号，后文堆粟算法在换算体积与容积时，也用到同样的做法。

在【5】【6】两题中，挖凿沟渠、护城河的工程在挖掘土方以外同时还涉及出土、处理沙砾水石等工作，这些工作理所当然也应计算工作量，所以若只计算挖掘土方的工作量时，就需要从规定的总工作量中扣除这些部分。在【6】中，出土部分的工作量按规定总工作量的 $\frac{1}{5}$ 折算，处理沙砾水石的工作量按规定总工作量的 $\frac{2}{3}$ 折算。所以本题中"定功"为 $871 \times \left(1 - \frac{1}{5}\right) \times \left(1 - \frac{2}{3}\right) = 232\frac{4}{15}$，即每人每天的应完成挖掘土方的工作量按 $232\frac{4}{15}$ 立方尺计算。

【八】今有方堢（bǎo）壔（dǎo）[壹拾肆]，方一丈六尺，高一丈五尺。问：积几何？答曰：三千八百四十尺。

术曰：方自乘，以高乘之，即积尺。

【九】今有圆堢壔，周四丈八尺，高一丈一尺。问：积几何？答曰：二千一百一十二尺[壹拾伍]。

术曰：周自相乘，以高乘之，十二而一[壹拾陆]。

〔壹拾肆〕堢者，堢城也；壔，音丁老切，又音纛（dào），谓以土拥木也。

〔壹拾伍〕于徽术，当积二千一十七尺一百五十七分尺之一百三十一。

〔壹拾陆〕此章诸术亦以"周三径一"为率,皆非也。于徽术,当以周自乘,以高乘之,又以二十五乘之,三百一十四而一。此之圆幂,亦如圆田之幂也。求幂亦如圆田,而以高乘幂也。

原文翻译

【8】已知方堢墻(正四棱柱)底面边长1丈6尺,高1丈5尺。问:它的体积是多少? 答:3 840(立方)尺。

算法: 底面边长自乘,再乘高,就得到体积的(立方)尺数。

【9】已知圆堢墻(圆柱体)底面周长4丈8尺,高1丈1尺。问:它的体积是多少? 答:2 112(立方)尺。

算法: 底面圆周自乘,再乘高,除以12。

注解

此处以"周三径一"为圆周率,感兴趣的读者可以试着以徽率3.14计算。【8】【9】两题都用到了柱体体积等于底面积乘高的公式。

【一〇】今有方亭,下方五丈,上方四丈,高五丈。问:积几何? 答曰:一十万一千六百六十六尺太半尺。

术曰: 上下方相乘,又各自乘,并之,以高乘之,三而一〔壹拾柒〕。

【一一】今有圆亭,下周三丈,上周二丈,高一丈。问:积几何? 答曰:五百二十七尺九分尺之七〔壹拾捌〕。

术曰： 上、下周相乘，又各自乘，并之，以高乘之，三十六而一〔壹拾玖〕。

〔壹拾柒〕此章有堑堵、阳马，皆合而成立方。盖说算者乃立棊三品，以效高深之积。假令方亭，上方一尺，下方三尺，高一尺。其用棊也，中央立方一，四面堑堵四，四角阳马四。上下方相乘为三尺，以高乘之，得积三尺，是为得中央立方一，四面堑堵各一。下方自乘为九，以高乘之，得积九尺，是为中央立方一，四面堑堵各二、四角阳马各三也。上方自乘，以高乘之，得积一尺，又为中央立方一。凡三品棊，皆一而为三，故三而一，得积尺。用棊之数，立方三，堑堵阳马各十二，凡二十七，棊十二与三。更差次之，而成方亭者三，验矣。为术又可令方差自乘，以高乘之，三而一，即四阳马也；上下方相乘，以高乘之，即中央立方及四面堑堵也。并之，以为方亭积数也。

〔壹拾捌〕于徽术，当积五百四尺四百七十一分尺之一百一十六也。

〔壹拾玖〕此术"周三径一"之义。合以三除上下周，各为上下径。以相乘，又各自乘，并，以高乘之，三而一，为方亭之积。假令三约上下周俱不尽，还通之，即各为上下径。令上下径分子相乘，又各自乘，并，以高乘之，为三方亭之积分。此合分母三相乘得九，为法，除之。又三而一，得方亭之积。从方亭求圆亭之积，亦犹方幂中求圆幂。乃令圆率三乘之，方率四而一，得圆亭之积。前求方亭之积，乃以三而一；今求圆亭之积，亦合三乘之。二母既同，故相准折，惟以方幂四乘分母九，得三十六，而连除之。于徽术，当上下周相乘，又各自乘，并，以高乘之，又二十五乘之，九百四十二而一。此方亭四角圆杀，比于方亭，二百分之一百五十七。为术之意，先作方亭，三而一。则此据上下径为之者，当又以一百五十七乘之，六百而一也。今据周为之，若于圆埠埻，又以二十五乘之，三百一十四而一，则先得三圆亭矣。故以三百一十四为九百四十二而一，并除之。

原文翻译

【10】已知方亭（正四棱台）下底面边长 5 丈，上底面边长 4 丈，高 5 丈。问：它的体积是多少？答：$101\,666\frac{2}{3}$（立方）尺。

算法：上、下底面边长相乘，再各自乘，三项相加，用它们的和乘高，再除以 3。

【11】已知圆亭（正圆台）下底面周长 3 丈，上底面周长 2 丈，高 1 丈。问：它的体积是多少？答：$527\frac{7}{9}$（立方）尺。

算法：上、下底面周长相乘，再各自乘，三项相加，用它们的和乘高，再除以 36。

注解

本卷从【10】【11】开始处理较复杂的立体图形的体积，它们的特点是无法直接用底面积乘高的公式进行计算。处理的基本思路是：对于近似长方体的（有棱有角的），分割为长方体一些基础部分的组合；对于近似圆柱的，利用方圆的比例关系转化为关于长方体的问题。所谓长方体的基础部分即是后文常遇到的堑堵、阳马和鳖臑。在本章的讨论中,我们沿用刘徽注的做法,以单位边长的正方体作为长方体的标准模型,将单位边长正方体沿对角面切开,得到的三棱柱称为堑堵的标准模型(或标准堑堵),如图 5 – 2。

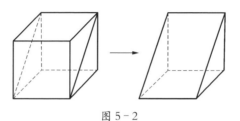

图 5 – 2

　　将标准堑堵沿对角面切开,将剩下的底面为正方形且一侧棱与底面垂直的四棱锥称为阳马的标准模型(或标准阳马),如图 5 – 3。

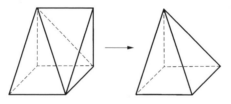

图 5 – 3

　　鳖臑的情况略复杂,稍后再讲。显然,标准堑堵、阳马底面的长、宽和底面上的高三者相等,2 个相同的标准堑堵可以合成 1 个正方体(图 5 – 2),3 个相同的标准阳马可以合成 1 个正方体(图 5 – 4)。

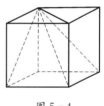

图 5 – 4

　　假设有一方亭,即上下底面均为正方形的正台体。上底面边长 1 尺,下底面边长 3 尺,高 1 尺,如图 5 – 5。它可以被分割为中央的 1 个正方体,四面的 4 个标准堑堵,和四角的 4 个标准阳马。所以它的体积可以表示为

$$V = 1\ \text{正方体体积} + 4\ \text{堑堵体积} + 4\ \text{阳马体积}。$$

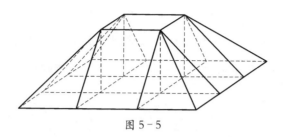

图 5-5

一个长 3 尺,宽、高 1 尺的长方体可以由 1 个正方体和 4 个标准堑堵拼合而成,如图 5-6。它的体积可以表示为

V_1 = 1 正方体体积 + 4 堑堵体积 = 上底面边长 × 下底面边长 × 高

　　 = 1×3×1=3。

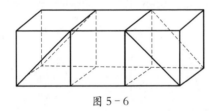

图 5-6

在图 5-5 的基础上,拼上 4 个标准堑堵和 8 个标准阳马,成为一个长、宽为 3 尺,高为 1 尺的长方体,如图 5-7。它的体积可以表示为

V_2 = 1 正方体体积 + 8 堑堵体积 + 12 阳马体积

　　 = 下底面边长 × 下底面边长 × 高 = 3×3×1=9。

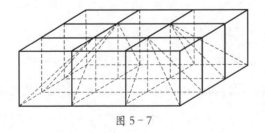

图 5-7

又将中央的正方体的体积表示为

V_3 = 1 正方体体积 = 上底面边长 × 上底面边长 × 高 = 1×1×1=1。

所以

$$V_1 + V_2 + V_3 = (1 \text{ 正方体体积} + 4 \text{ 堑堵体积}) + (1 \text{ 正方体体积}$$

$$+ 8 \text{ 堑堵体积} + 12 \text{ 阳马体积}) + 1 \text{ 正方体体积}$$

$$= 3(1 \text{ 正方体体积} + 4 \text{ 堑堵体积} + 4 \text{ 阳马体积}) = 3V,$$

即为 3 倍的方亭的体积。化简,即有方亭体积为

$$V = \frac{1}{3}(\text{上底面边长} \times \text{下底面边长} + \text{下底面边长} \times \text{下底面边长}$$

$$+ \text{上底面边长} \times \text{上底面边长}) \times \text{高}。$$

这里的公式推导来自刘徽注。有意思的是,刘徽未加说明,为什么从标准模型出发建立的公式可以运用到一般的方亭上,下面几题也有同样的情况。事实上,中国古代数学甚至《九章算术》中其他地方所提到的立方、堑堵、阳马和鳖臑往往都并不指标准模型,采取标准模型往往只是用来说明图形的分割和拼合关系。对任意方亭作如图 5-7 的分割拼合,都能实现刘徽所说的"用棊之数,立方三,堑堵阳马各十二,凡二十七,棊十二与三。更差次之,而成方亭者三,验矣"。其中还有更细致的关节,参见下文【15】的刘徽注〔贰拾肆〕。当然读者或许还能找到其他的分割拼合方法,来验证本题中的公式。

【11】计算的是圆台的体积,使用的仍然是"周三径一"的圆周率。其基本思路是先计算上底面边长等于圆亭上底面圆直径,下底面边长等于圆亭下底面圆直径,且与圆亭等高的方亭体积。这样的方亭上下底面可以分别看作圆亭上下底面的外切正方形。刘徽于是说"从方亭求圆亭之积,亦犹方幂中求圆幂"。也就是和"少广"卷中的做法一样,想象圆亭内切于方亭之中,每一次用平行于底面的截面截取方亭,都会得到圆内切于正方形。于是根据"祖暅原理",方亭和圆亭等高横截面的面积之比等

于两者体积之比,由此可以用方亭体积来求得圆亭体积。按"周三径一"算,此时方亭、圆亭横截面积之比为 4：3。如此即得到算法中的公式。

【一二】今有方锥,下方二丈七尺,高二丈九尺。问：积几何？答曰：七千四十七尺。

　术曰：下方自乘,以高乘之,三而一〔贰拾〕。

【一三】今有圆锥,下周三丈五尺,高五丈一尺。问：积几何？答曰：一千七百三十五尺一十二分尺之五〔贰拾壹〕。

　术曰：下周自乘,以高乘之,三十六而一〔贰拾贰〕。

〔贰拾〕按此术,假令方锥下方二尺,高一尺,即四阳马。如术为之,用十二阳马成三方锥。故三而一,得方锥也。

〔贰拾壹〕于徽术,当积一千六百五十八尺三百一十四分尺之十三。

〔贰拾贰〕按此术,圆锥下周以为方锥下方。方锥下方令自乘,以高乘之,合三而一,得大方锥之积。大锥方之积合十二圆矣。今求一圆,复合十二除之,故令三乘十二,得三十六,而连除。于徽术,当下周自乘,以高乘之,又以二十五乘之,九百四十二而一。圆锥比于方锥,亦二百分之一百五十七。令径自乘者,亦当以一百五十七乘之,六百而一。其说如圆亭也。

原文翻译

【12】已知方锥（正四棱锥）下底面边长 2 丈 7 尺,高 2 丈 9 尺。问：

它的体积是多少？答：7 047(立方)尺。

算法： 下底面边长自乘，再乘高，除以 3。

【13】已知圆锥下底面周长 3 丈 5 尺，高 5 丈 1 尺。问：它的体积是多少？答：$1\,735\frac{5}{12}$(立方)尺。

算法： 下底面周长自乘，再乘高，除以 36。

注解

和【10】一样，刘徽利用标准模型推导了四棱锥的体积公式。假设方锥下底面边长为 2 尺，高为 1 尺，则它可以看作由四个标准阳马组成(图 5-8)。那么 12 个标准阳马可以组成 3 个这样的方锥，进一步可以组成 1 个正方体，所以方锥体积是正方体体积的 $\frac{1}{3}$。对于一般的正四棱锥，同样的分割关系同样成立，从而方锥体积 $=\frac{1}{3}$(下边长×下边长×高)。

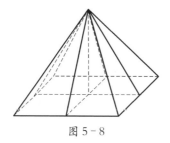 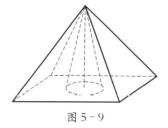

图 5-8　　　　　　　　　　　　图 5-9

同样用"化圆为方"的思想，但与【11】不同，【13】的算法是先作图 5-9 中的"大方锥"，它与圆锥等高且底面边长等于圆锥底面周长。这样圆锥底面积和大方锥底面积比值为 1：12。同样地，想象成圆锥置于方锥之中，考虑这一图形平行于底面的横截面，所得都是圆置于大正方形之中，且有面积比值 1：12。所以由"少广"卷中的祖暅原理，圆锥体积是大方锥体积除以 12。

【一四】今有堑堵，下广二丈，袤一十八丈六尺，高二丈五尺。问积几何？答曰：四万六千五百尺。

术曰：广袤相乘，以高乘之，二而一〔贰拾叁〕。

〔贰拾叁〕邪解立方，得两堑堵。虽复随方，亦为堑堵。故二而一。此则合所规棊。推其物体，盖为堑上叠也。其形如城，而无上广，与所规棊形异而同实。未闻所以名之为堑堵之说也。

原文翻译

【14】已知堑堵下底面宽 2 丈，长 18 丈 6 尺，高 2 丈 5 尺。问：它的体积是多少？答：46 500（立方）尺。

算法：长宽相乘，再乘高，除以 2。

注解

这里的堑堵不是标准的，是一个横截面为直角三角形的楔形体，如

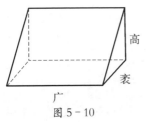

图 5 - 10

图 5 - 10。对于这样的堑堵，可以理解为将长（袤）18 丈 6 尺、宽（广）2 丈、高 2 丈 5 尺的长方体沿对角面分割得到。此时堑堵的体积 $= \frac{1}{2}$ 长×宽×高。

题设并没有说明该堑堵的底面是直角三角形，但刘徽注中有"邪解立方，得两堑堵，虽复随方（长方形），亦为堑堵。"所以这里的堑堵是斜解长方体而来，底面应该是直角三角形。对于底面为直角三角形，且侧面棱垂直于底面的非标准堑堵，我们称之为"正规的"。更一般地，《九章算术》中还会出现底面非直角三角形或侧面棱不垂直于底面的"堑堵"形几

何体，可以看作由斜截平行六面体得到，我们称之为"非正规"的堑堵。对于"非正规"堑堵，刘徽只说与"所规綦形异而同实"，所以可以用类似的公式计算体积，但并没有给出具体的原因。不过读者不难从祖暅原理得到这一事实。

【一五】今有阳马，广五尺，袤七尺，高八尺。问：积几何？答曰：九十三尺少半尺。

术曰：广袤相乘，以高乘之，三而一〔贰拾肆〕。

〔贰拾肆〕按此术，阳马之形，方锥一隅也。今谓四柱屋隅为阳马。假令广袤各一尺，高一尺，相乘，得立方积一尺。邪解立方，得两堑堵；邪解堑堵，其一为阳马，一为鳖臑（nào）。阳马居二，鳖臑居一，不易之率也。合两鳖臑成一阳马，合三阳马而成一立方，故三而一。验之以綦，其形露矣。悉割阳马，凡为六鳖臑。观其割分，则体势互通，盖易了也。其綦或修短、或广狭、立方不等者，亦割分以为六鳖臑。其形不悉相似。然见数同，积实均也。鳖臑殊形，阳马异体。然阳马异体，则不可纯合。不纯合，则难为之矣。何则？按邪解方綦以为堑堵者，必当以半为分；邪解堑堵以为阳马者，亦必当以半为分，一从一横耳。设以阳马为分内，鳖臑为分外。綦虽或随修短广狭，犹有此分常率，知殊形异体，亦同也者，以此而已。其使鳖臑广、袤、高各二尺，用堑堵、鳖臑之綦各二，皆用赤綦。又使阳马之广、袤、高各二尺，用立方之綦一，堑堵、阳马之綦各二，皆用黑綦。綦之赤、黑,接为堑堵,广、袤、高各二尺。于是中效其广,又中分其高。令赤、黑堑堵各自适当一方,高一尺,方二尺,每二分鳖臑,则一阳马也。其余两端各积本积,合成一方焉。是为别种而方者率居三,通其体而方者率居一。虽方随棊改,而固有常然之势也。按余数具而可知者有一、二分之别,则一、二之为率定矣。其于理也岂虚矣。若为数而穷之,置余广、袤、高之数,各半之,则四分之三又可知也。半之弥少,其余弥细,至细曰微,微则无形。由是言之,安取余哉。数而求穷之者,谓以情推,不用筹算。鳖臑之物,不同器用;阳马之形,或随修短广狭。然不用鳖臑,无以审阳马之数,不有阳马,无以知锥亭之数,功实之主也。

原文翻译

【15】已知阳马宽 5 尺,长 7 尺,高 8 尺。问:它的体积是多少? 答:$93\frac{1}{3}$(立方)尺。

算法：长宽相乘,再乘高,除以 3。

注解

显然这里的阳马也不是【10】中所介绍的标准阳马。我们在【10】中已经提到过,用标准模型可以说明图形分割组合的关系,那么在非标准(即作为被分割整体的长方体长、宽、高各不相等的)情形下,这样的分割组合关系如何转化成为体积关系呢? 这就需要引入一个更小的基本模型——鳖臑。

先看标准模型。给定一个单位正方体。斜解正方体,得到两个堑堵,再邪解堑堵可以得到 1 个阳马和 1 个鳖臑,后者即是如图 5-11 中的四面

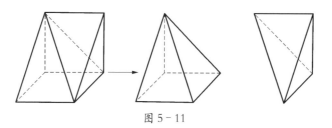

图 5-11

体,此时阳马体积恒为鳖臑体积的 2 倍。阳马可以再分解为两个等高且底面积相等的鳖臑,它们相互对称但不全等(图 5-12)。所以标准正方体可以分成 6 个鳖臑,这样得到的鳖臑我们称之为鳖臑的标准模型(或标准鳖臑),它们的体积相等,都是标准阳马的一半。

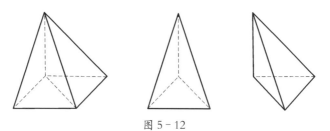

图 5-12

对于长、宽、高不同的长方体,可以用同样的方法分解得到 3 种不全等的非标准堑堵,进一步再分成 3 种不全等的非标准阳马,以及 6 种不同形状的非标准鳖臑。我们将这样通过分割长方体得到的堑堵、阳马和鳖臑称为正规的。但是无论如何,此时阳马和鳖臑的体积比总是 2:1。为什么呢? 利用幂来验证,可以将形体间的关系显露出来。如图 5-13,先将长方体分为 3 个不同的底面的阳马 A,B,C,每个阳马再分解为 2 种不同的鳖臑 A_1 与 A_2,B_1 与 B_2,C_1 与 C_2。 这些阳马或鳖臑中,有的既不全等也不对称。可是它们的长、宽、高是长方体的长、宽、高按不同顺序排列而定,所以它们体积应该相等。可是鳖臑的形状不同,阳马的体态不同,这些图形不能完全重合,如何来说明它们体积相等呢? 刘徽出人意料地使用了一个极限过程来说明阳马和鳖臑的体积比为 $2:1$。首先，沿任何一个对角面将长方体分为两部分，所得堑堵体积都是长方体的一半。所以，只要对任意这样一个堑堵证明它所分割成的阳马和鳖臑的体积比是 $2:1$，就能够证明鳖臑的体积都相同。假设我们有如图 $5\text{-}13$ 中阳马 A 和鳖臑 B_1 所拼成的堑堵。将 A 染成黑色，B_1 染成红色，如图 $5\text{-}14$，红色用阴影表示。将 B_1 沿着每一条边的中点进一步分割，得到 2 个红色小堑堵和 2 个红色小鳖臑，如图 $5\text{-}14(1)$。将 A 沿着每一条边的中点进

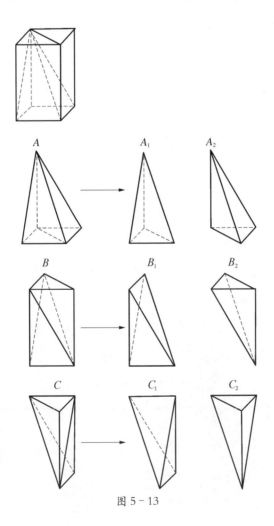

图 $5\text{-}13$

一步分割,得到 1 个黑色小长方体、2 个黑色小堑堵和 2 个黑色小阳马,如图 5 - 14(2)。这些小鳖臑、阳马、堑堵的体积分别相等。再将 B_1 和 A 拼合起来,得到 1 个红黑相杂的大堑堵,如图 5 - 14(3)。

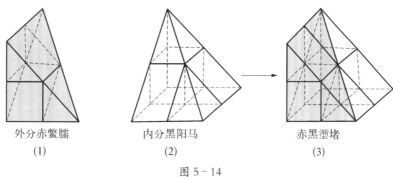

外分赤鳖臑　　　　内分黑阳马　　　　　赤黑堑堵
　　(1)　　　　　　　　(2)　　　　　　　　　(3)
图 5 - 14

如图 5 - 15,先沿着横向的截面调换大堑堵[图 5 - 14(3)]的上方左右两部分。再如图 5 - 16 沿着大堑堵中间的(水平方向)截面将它分成上下等高的两部分,翻折从而使红色、黑色堑堵各自两两拼

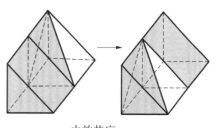

中效其广
图 5 - 15

合成 1 个小长方体,得到一个和最初的长方体底面相同而高为一半的新长方体。

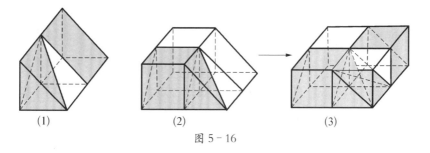

(1)　　　　　　　　　(2)　　　　　　　　　　(3)
图 5 - 16

这个长方体包含了 4 个小长方体,左上一个是最初组成黑色阳马的

黑色小长方体,其他 3 个是拼合而成的小长方体。这 3 个拼合而成的小长方体中,2 个[图 5－16(3)中左下、右上]是由 1 个黑色小堑堵和 1 个红色小堑堵拼合而成,剩余 1 个由两个黑色小阳马和两个红色小鳖臑拼合而成。其中每个黑色小阳马和红色小鳖臑恰好构成一个小堑堵。

考虑前三个小长方体,它们占总体积的 $\frac{3}{4}$,这部分体积中黑、红两色所占的体积之比为 2：1。剩余占总体积 $\frac{1}{4}$ 的小长方体中黑、红两色的所占体积之比不能确定,但因为其每一半仍由红色鳖臑和黑色阳马拼合而成,所以可以按上面的方法,再取相应长、宽、高的一半,分成更小的长方体,再分成堑堵、鳖臑和阳马,重新组合。那么在这样的小长方体中,可以推测在 $\frac{3}{4}$ 部分内,黑、红两色所占体积之比为 2：1。如此反复下去,在无穷分割的过程中,剩余部分无限变小,而已测量部分黑、红两色所占体积之比总是 2：1。由此推断分割至无限小时,可以确定全部的体积,此时黑、红两色所占体积之比仍为 2：1,也即阳马与鳖臑的体积之比为 2：1。从而阳马体积是柱体体积的 $\frac{1}{3}$。

在刘徽的《九章算术》注中,体现并实际运用极限思想的地方有多处,我们已经读到的便有"方田"卷【32】求圆周率,"少广"卷【16】开方术以及此处求阳马、鳖臑体积比。其根本思想都是在极限过程中忽略剩余的无穷小量,按刘徽在这里的原文,即是"半之弥少,其余弥细,至细曰微,微则无形。由是言之,安取余哉。"但深究这三处,处理的问题分别是曲线的直线逼近、十进小数退位计算和递归,并不雷同。可见刘徽已经发展了独立抽象的极限思想,而并非依赖于其所处理的问题。从极限的角度,刘徽提出了数学中逻辑推理独立于计算以外的重要性,他说:"数而求穷之者,谓以情推,不用筹算",便是说在处理无穷的情况时,必须要用推理。所以,中国古代数学只重实践算法而忽视推理的说法是不确切的。

【15】中关于堑堵、阳马、鳖臑体积讨论所得的大量结论,都将被直接应用于接下来的问题。刘徽这种将多面体分割为几种"基本型"的组合的思想具有相当的现代性,在现代数学的相关问题中,最具代表性的可能是希尔伯特第三问题(Hilbert's third problem)。希尔伯特第三问题是问,对于任意两个体积相同的多面体,是否可以将其中一个分割为有限多个小块,再重新拼合成另一个。希尔伯特的学生麦克斯·达恩(Max Dehn)在希尔伯特正式提出该问题后不久(1900 年),便给出了反例。希尔伯特第三问题的否定答案从一个方面说明了,希望只定义某些"基本型"的体积,再通过有限分割、重新组合的方法来定义(计算)高维多面体的体积的方法是不可行的。也就是说,在高维多面体的体积理论中,必须引入极限过程。这从现代数学的角度支持了刘徽这里的极限方法。

【一六】今有鳖臑,下广五尺,无袤;上袤四尺,无广;高七尺。问:积几何? 答曰:二十三尺少半尺。

术曰:广袤相乘,以高乘之,六而一〔贰拾伍〕。

〔贰拾伍〕按此术,臑者,臂节也。或曰:半阳马,其形有似鳖肘,故以名云。中破阳马,得两鳖臑。鳖臑之见数即阳马之半数。数同而实据半,故云六而一,即得。

原文翻译

【16】已知鳖臑下底面宽 5 尺而无长，上底面长 4 尺而无宽，高 7 尺。

问：它的体积是多少？答：$23\dfrac{1}{3}$（立方）尺。

算法：长宽相乘，再乘高，除以 6。

注解

对于几何体，一般测底面的长、宽和高。此处的鳖臑可参考图 5－13 中的 B_1 或 C_1，其上下底面皆退化为一条直线，与高连接成三条两两互相垂直的棱，所以鳖臑下底面有宽无长，上底面有长无宽。

【一七】今有羡（yán）除，下广六尺，上广一丈，深三尺；末广八尺，无深；袤七尺。问：积几何？答曰：八十四尺。

术曰：并三广，以深乘之，又以袤乘之，六而一〔贰拾陆〕。

〔贰拾陆〕按此术，羡除，实隧道也。其所穿地，上平下邪，似两鳖臑夹一堑堵，即羡除之形。假令用此棊：上广三尺，深一尺，下广一尺；末广一尺，无深；袤一尺。下广、末广皆堑堵之广。上广者，两鳖臑与一堑堵相连之广也。以深、袤乘，得积五尺。鳖臑居二，堑堵居三，其于本棊皆一而为六，故六而一。合四阳马以为方锥。邪画方锥之底，亦令为中方。就中方削而上合，全为方锥之半。于是阳马之棊悉中解矣。中锥离而为四鳖臑焉。故外锥之半亦为四鳖臑。虽背正异形，与常所谓鳖臑参不相似，实则同也。所云夹堑堵者，中锥之鳖臑也。凡堑堵，上袤短者，连阳马也；下袤短者，与鳖臑连也；上、下两袤相等者，亦与鳖臑连也。并三广，以高、袤乘，六而一，皆其积也。今此羡除之广，即堑堵之袤也。按此，本是三广不等，即与鳖臑连者。别而言之，中央堑堵广六尺，高三尺，袤七尺。末广之两旁，各一小鳖臑，高、袤皆与堑堵等。令小鳖臑居里，大鳖臑居表，则大鳖臑皆出随方锥：下广二尺，袤六尺，高七尺。分取其半，则为袤三尺，以高、广乘之，三而一，即半锥之积也。邪解半锥得此两大鳖臑，求其积，亦当六而一，合于常率矣。按阳马之棊，两邪，棊底方；当其方也，不问旁角而割之，相半可知也。推此上连无成不方，故方锥与阳马同实。角而割之者，相半之势。此大小鳖臑可知更相表里，但体有背正也。

原文翻译

【17】已知羡除的（前端）下宽 6 尺，上宽 1 丈，深 3 尺；末端宽 8 尺，没有深；长 7 尺。问：它的体积是多少？　答：84（立方）尺。

算法：（上、下、末）三个宽相加之和乘深，再乘长，除以 6。

注解

羡，通埏，羡除的原型是进入墓穴的坡道，是底面、上平面和下斜面均为等腰梯形，底面与上平面垂直，另两面为三角形的楔形五面体，如图 5-17 所示。底面梯形的上下底边长即为上广（上宽）和下广（下宽），高即为羡除的深。底面所对的棱的长度称为末广（末宽）。如果羡除的上、下、末宽三者相等，就成了堑堵，如果不等，那么羡除形似 2 个鳖臑中间夹着 1 个堑堵。

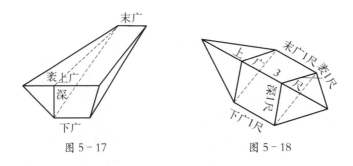

图 5－17   图 5－18

同【10】一样，我们用标准模型来分析羡除的分割关系。假设有长、宽、高均为 1 尺的 2 个鳖臑和 1 个堑堵。用 2 个鳖臑中间夹着 1 个堑堵拼合成羡除（图 5－18），它的上宽 3 尺，深 1 尺，下宽 1 尺；末宽 1 尺；长 1 尺。

用三宽之和乘深和长，得（3＋1＋1）×1×1＝5（立方）尺，可以想象为一个长为三宽之和，宽和高都是 1 尺的长方体体积。这个长方体由 2 个各包含 1 个鳖臑的标准正方体，和一个包含 1 个标准堑堵的长为 3，宽、高都为 1 的长方体拼成，这个长方体又是由 3 个标准正方体拼成的。而标准正方体的体积是标准鳖臑的 6 倍，3 个标准正方体的体积是标准堑堵的 6 倍。所以求原羡除的体积需要再除以 6。

如果羡除的末宽和上宽不相等，那么总可以将它上平面的等腰梯形分割为 2 个直角三角形夹 1 个长方形（图 5－19），它们分别为 2 个"鳖臑"和中间的"堑堵"的底面。注意此处的"鳖臑"可能不满足一般的垂直关系，而"堑堵"的其他两个面可能是梯形而不是长方形。

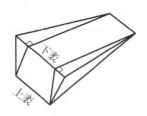
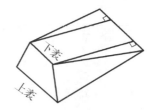

图 5－19

按通常约定,刘徽将中间的"堑堵"对应羡除下宽的称为上长(上
衰),对应上宽的称为下长(下衰),对应末宽的称为末长。这样中间的
"堑堵"的下长等于末长,而上、下长之间的长度关系对应了三种情形:上
长短[图 5 - 20(1)],可分成 2 个阳马中间夹 1 个正规堑堵;下长短
[图 5 - 20(2)],可分成 2 个鳖臑中间夹 1 上正规堑堵;上、下长相等
[图 5 - 20(3)],就是正规堑堵。它们在原羡除(图 5 - 18)中均与两边的
鳖臑相连。

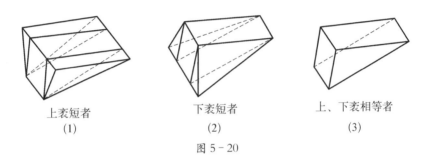

上衰短者　　　　　　　下衰短者　　　　　上、下衰相等者
(1)　　　　　　　　　　(2)　　　　　　　　(3)

图 5 - 20

所以羡除总可以分割成正规堑堵与两边的鳖臑和阳马,由此可以推
出"并三广,以高、衰乘,六而一,皆其积也"是通用的算法。事实上,当羡
除被分割成等高、等长的堑堵、阳马、鳖臑时,算法"并三广"所得的三宽
之和总是包含 3 倍堑堵的宽,2 倍阳马的宽,以及 1 倍鳖臑的宽,于是:

羡除体积＝堑堵体积＋阳马体积之和＋鳖臑体积之和

$$= \frac{1}{2}\Big(堑堵宽\times高\times长\Big) + \frac{1}{3}\Big(阳马宽之和\times高\times长\Big)$$

$$+ \frac{1}{6}\Big(鳖臑宽之和\times高\times长\Big)$$

$$= \frac{1}{2}\times\frac{1}{3}\times 3\Big(堑堵宽\times高\times长\Big)$$

$$+ \frac{1}{3}\times\frac{1}{2}\times 2\Big(阳马宽之和\times高\times长\Big)$$

$$+ \frac{1}{6}\left(鳖臑宽之和 \times 高 \times 长\right)$$

$$= \frac{1}{6}(三宽和) \times 高 \times 长。$$

【一八】今有刍（chú）甍（méng），下广三丈，袤四丈；上袤二丈，无广；高一丈。问：积几何？答曰：五千尺。

术曰：倍下袤，上袤从之，以广乘之，又以高乘之，六而一〔贰拾柒〕。

〔贰拾柒〕推明义理者：旧说云，凡积刍有上下广曰童，甍谓其屋盖之茨也。是故甍之下广、袤与童之上广、袤等。正斩方亭两边，合之即刍甍之形也。假令下广二尺，袤三尺；上袤一尺，无广；高一尺。其用棊也，中央堑堵二，两端阳马各二。倍下袤，上袤从之，为七尺。以下广乘之，得幂十四尺。阳马之幂各居二，堑堵之幂各居三。以高乘之，得积十四尺。其于本棊也，皆一而为六；故六而一，即得。亦可令上、下袤差乘广，以高乘之，三而一，即四阳马也；下广乘之上袤而半之，高乘之，即二堑堵；并之，以为甍积也。

原文翻译

【18】已知刍甍下底面宽 3 丈，长 4 丈；上底面长 2 丈，没有宽；高 1 丈。问：它的体积是多少？答：5 000（立方）尺。

算法：2 倍下底面长加上底面长，乘（下底面）宽，再乘高，除以 6。

注解

古代堆草料，堆成下半部分为倒梯台，上半部分如屋盖的形状，如图

5-21。本题中的刍甍即指形如草垛上半部分的几何体,其上底面为一
线段,下底面为长方形。而【19】中的刍童则是指形如草垛下半部分的几
何体。

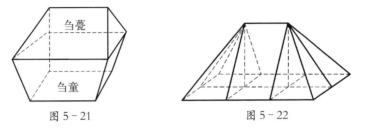

图 5 - 21　　　　　　　　　　　　　图 5 - 22

　　照例可以用标准模型来说明刍甍的分割关系。假设刍甍下底面宽 2
尺,长 3 尺;上底面长 1 尺;高 1 尺。它可以被分割为中间 2 个堑堵和两
端各 2 个阳马,如图 5 - 22。所以对一般的刍甍,可以做同样的分割,得
到中间 2 堑堵,其下底面宽等于刍甍上底面长,以及两边共 4 阳马。于
是刍甍体积为

　2 堑堵体积 + 4 阳马体积

$$= \frac{1}{2} \times 2\,\text{堑堵宽} \times \frac{1}{2}\,\text{下底面宽} \times \text{高} + \frac{1}{3} \times 4\,\text{阳马宽} \times \frac{1}{2}\,\text{下底面宽} \times \text{高}$$

$$= \frac{1}{6} \times 3\,\text{上底面长} \times \text{下底面宽} \times \text{高} + \frac{1}{6} \times 4\,\text{阳马宽} \times \text{下底面宽} \times \text{高}$$

$$= \frac{1}{6}(3\,\text{上底面长} + 4\,\text{阳马宽}) \times \text{下底面宽} \times \text{高}$$

$$= \frac{1}{6}(\text{上底面长} + 2\,\text{下底面长}) \times \text{下底面宽} \times \text{高},$$

即是原文公式。

刍童、曲池、盘池、冥谷，皆同术。

术曰：倍上袤，下袤从之；亦倍下袤，上袤从之；各以其广乘之，并；以高若深乘之，皆六而一〔贰拾捌〕。其曲池者，并上中、外周而半之，以为上袤；亦并下中、外周而半之，以为下袤〔贰拾玖〕。

【一九】今有刍童，下广二丈，袤三丈；上广三丈，袤四丈；高三丈。问：积几何？答曰：二万六千五百尺。

【二〇】今有曲池，上中周二丈，外周四丈，广一丈；下中周一丈四尺，外周二丈四尺，广五尺；深一丈。问：积几何？答曰：一千八百八十三尺三寸少半寸。

〔贰拾捌〕按此术，假令刍童上广一尺，袤二尺；下广三尺，袤四尺；高一尺。其用棊也，中央立方二，四面堑堵六，四角阳马四。倍下袤为八，上袤从之，为十，以高、广乘之，得积三十尺，是为得中央立方各三，两端堑堵各四，两旁堑堵各六，四角阳马亦各六。复倍上袤，下袤从之，为八，以高、广乘之，得积八尺，是为得中央立方亦各三，两端堑堵各二。并两旁，三品棊，皆一而为六，故六而一，即得。为术又可令上下广袤差相乘，以高乘之，三而一，亦四阳马；上下广袤互相乘，并，而半之，以高乘之，即四面六堑堵与二立方；并之，为刍童积。又可令上下广袤互相乘而半之，上下广袤又各自乘，并，以高乘之，三而一，即得也。

〔贰拾玖〕此池环而不通匝，形如盘蛇，而曲之。亦云周者，谓如委谷依垣之周耳。引而伸之，周为袤，求袤之意，环田也。

原文翻译

　　刍童(上下底面皆为长方形的草垛)、曲池(上下底面皆为扇形的水池)、盘池(上下底面皆为长方形的水池)、冥谷(上下底面皆为长方形的墓坑),都是上下底面为长方形(或可化为长方形)的台体,有相同的体积算法。

　　算法:2 倍上底面长加下底面长,乘上底面宽;2 倍下底面长加上底面长,乘下底面宽;两项求和,乘高或深再除以 6。对于曲池,将上底面的中周、外周相加并取一半,作为上底面长;同样,将下底面的中周、外周相加并取一半,作为下底面长。

　　【19】已知刍童下底面宽 2 丈,长 3 丈;上底面宽 3 丈,长 4 丈;高 3 丈。问:它的体积是多少? 答:26 500(立方)尺。

　　【20】已知曲池上底面中周 2 丈,外周 4 丈,宽 1 丈;下底面中周 1 丈 4 尺,外周 2 丈 4 尺,宽 5 尺;深 1 丈。问:它的容积是多少? 答:1 883 (立方)尺 333 $\frac{1}{3}$(立方)寸。

注解

　　以刍童为例,同样用标准模型来说明分割关系并验证公式。假设刍童的上底面宽 1 尺,长 2 尺;下底面宽 3 尺,长 4 尺;高 1 尺。则构成它的标准模型包括:中间的 2 个正方体,四面的 6 个标准堑堵,四角的 4 个标准阳马(图 5 - 23)。

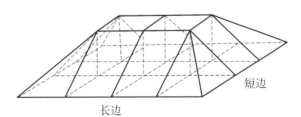

长边　　　　短边

图 5 - 23

对于一般的刍童，同样的分割关系，得到刍童前后的堑堵（即图5‑23长边上的堑堵）与左右两侧的堑堵（即图5‑23短边上的堑堵）并不相同，姑且分别称为"前堑堵"和"侧堑堵"，同时四角的阳马对称却不全等，它们都是正规却不标准的模型。但无论如何，我们有：

下底面长＝2阳马底长＋2前堑堵长＝2侧堑堵宽＋2立方长，

下底面宽＝2阳马底长＋侧堑堵长＝2前堑堵宽＋立方宽，

上底面长＝2前堑堵长＝2立方长，

上底面宽＝侧堑堵长＝立方宽。

所以

（2上底面长＋下底面长）×上底面宽×高

＝（4立方长＋2侧堑堵宽＋2立方长）×立方宽×高

＝6正方体积＋4侧堑堵体积，

且

（2下底面长＋上底面长）×下底面宽×高

＝（2阳马底长＋2前堑堵长＋2侧堑堵宽＋2立方长＋2立方长）

×（2前堑堵宽＋立方宽）×高

＝（4侧堑堵宽＋6立方长）×立方宽×高＋（4阳马底长＋6前堑堵长）

×2前堑堵宽×高

＝6正方体积＋8侧堑堵体积＋24阳马体积＋24前堑堵体积。

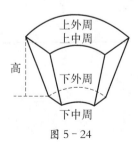

图5‑24

两式相加除以6，得到2正方体积＋4阳马体积＋4前堑堵体积＋2侧堑堵体积，即为刍童体积。

对于曲池，如图5‑24，其上下底面为环形的一部分。由"方田"卷【37】【38】，环形面积等于$\frac{1}{2}$（外周长＋中周长）×径长，所以曲池可以转化为上底面长＝$\frac{1}{2}$（上外周＋上中周），下底面长＝$\frac{1}{2}$（下外周＋下中周），宽不变的刍童考虑。当然这里实际上需要用到祖暅原理，有兴趣的读者可以尝试严格证明。

【二一】今有盘池，上广六丈，袤八丈；下广四丈，袤六丈，深二丈。问：积几何？答曰：七万六百六十六尺太半尺。

负土往来七十步，其二十步上下棚除，棚除二当平道五；踟蹰之间十加一；载输之间三十步，定一返一百四十步。土笼积一尺六寸。秋程人功行五十九里半。问：人到积尺及用徒各几何？答曰：人到二百四尺。用徒三百四十六人一百五十三分人之六十二。

术曰：以一笼积尺乘程行步数，为实。往来上下棚除二当平道五〔叁拾〕。置定往来步数，十加一，及载输之间三十步，以为法。除之，所得即一人所到尺〔叁拾壹〕。以所到约积尺，即用徒人数。

【二二】今有冥谷，上广二丈，袤七丈；下广八尺，袤四丈；深六丈五尺。问：积几何？答曰：五万二千尺。

载土往来二百步，载输之间一里。程行五十八里。六人共车，车载三十四尺七寸。问：人到积尺及用徒各几何？答曰：人到二百一尺五十分尺之十三，用徒二百五十八人一万六十三分人之三千七百四十六。

术曰：以一车积尺乘程行步数，为实。置今往来步数，加载输之间一里，以车六人乘之，为法。除之，所得即一人所到尺〔叁拾贰〕。以所到约积尺，即用徒人数。

〔**叁拾**〕棚，阁；除，斜道；有上下之难，故使二当五也。

〔**叁拾壹**〕按此术，棚，阁；除，斜道；有上下之难，故使二当五。置定往来步数，十加一，及载输之间三十步，是为往来一返，凡用一百四十步。于今有术为所有行率，笼积一尺六寸为所求到土率，程行五十九里半为所有数，而今有之，即人到尺数。以所到约积尺，即用徒人数者，此一人之积除其众积尺，故得用徒人数。为术又可令往来一返所用之步，约程行为返数，乘笼积为一人所到。以此术与今有术相反覆，则乘除之或先后，意各有所在而同归耳。

〔**叁拾贰**〕按此术，今有之义。以载输及往来并，得五百步，为所有行率，车载三十四尺七寸为所求到土率，程行五十八里，通之为步，为所有数，而今有之，所得即一车所到。欲得人到者，当以六人除之，即得。术有分，故亦更令乘法而并除者，亦用一车尺数以为一人到土率，六人乘五百步为行率也。又亦可五百步为行率，令六人约车积尺数为一人到土率，以负土术入之。入之者，亦可求返数也。要取其会通而已。术恐有分，故令乘法而并除。以所到约积尺，即用徒人数者，以一人所到积尺除其众积，故得用徒人数也。

原文翻译

【21】已知盘池上底面宽 6 丈,长 8 丈;下底面宽 4 丈,长 6 丈;深 2 丈。问:它的容积是多少? 答:70 666 $\frac{2}{3}$(立方)尺。

背筐运土往返距离 70 步,其中 20 步是上下脚手架,脚手架上行走时困难,每 2 步按平路 5 步计算;负重行走每 10 步加 1 步计算;装卸耗力折合 30 步计算;所以规定往返一次共计 140 步。土筐的体积是 1(立方)尺 600(立方)寸。秋季时规定每人每天走 59 $\frac{1}{2}$ 里。问:(完成盘池的修建,)每人每天运土的体积的(立方)尺数和需要的劳力分别是多少? 答:每人每天运土 204(立方)尺,需要劳力 346 $\frac{62}{153}$ 人。

算法:用 1 筐容积的(立方)尺数乘所定的行程的步数作为"实"。往返上下脚手架,每 2 步按平路 5 步计算。取规定的往返步数,每 10 步加 1 步计算,再加上装卸折合的 30 步,作为"法"。以"法"除"实",就得到每人每天运土的(立方)尺数。再用每人每天运土的(立方)尺数除以盘池总容积的(立方)尺数,就得到需要的劳力数。

【22】已知冥谷上底宽面 2 丈,长 7 丈;下底面宽 8 尺,长 4 丈;深 6 丈 5 尺。问:它的容积是多少? 答:52 000(立方)尺。

推车运土往返距离 200 步,装卸耗力折合 1 里行程。每人每天走 58 里。6 人共同推 1 车,每车载土 34(立方)尺 700(立方)寸。问:(完成冥谷的修建)每人每天运土的体积的(立方)尺数和需要的劳力分别是多少? 答:每人每天运土 201 $\frac{13}{50}$(立方)尺,需要劳力 258 $\frac{3\,746}{10\,063}$ 人。

算法:用 1 车容积的(立方)尺数乘所定的行程的步数作为"实"。取规定的往返步数,加上装卸折合的 1 里,乘每车所用的 6 人,作为"法"。

以"法"除"实"，就得到每人运土的（立方）尺数。用每人运土的（立方）尺数除以冥谷总容积的（立方）尺数，就得到需要的劳力数。

【二三】今有委粟平地，下周一十二丈，高二丈。问：积及为粟几何？答曰：积八千尺〔叁拾叁〕。为粟二千九百六十二斛二十七分斛之二十六〔叁拾肆〕。

【二四】今有委菽依垣，下周三丈，高七尺。问：积及为菽各几何？答曰：积三百五十尺〔叁拾伍〕。为菽一百四十四斛二百四十三分斛之八〔叁拾陆〕。

【二五】今有委米依垣内角，下周八尺，高五尺。问：积及为米各几何？答曰：积三十五尺九分尺之五〔叁拾柒〕。为米二十一斛七百二十九分斛之六百九十一〔叁拾捌〕。

委粟术曰： 下周自乘，以高乘之，三十六而一〔叁拾玖〕。其依垣者〔肆拾〕，十八而一〔肆拾壹〕。其依垣内角者〔肆拾贰〕，九而一〔肆拾叁〕。

程粟一斛，积二尺七寸〔肆拾肆〕；其米一斛，积一尺六寸五分寸之一〔肆拾伍〕；其菽、苔、麻、麦一斛，皆二尺四寸十分寸之三〔肆拾陆〕。

〔叁拾叁〕于徽术，当积七千六百四十三尺一百五十七分尺之四十九。

〔叁拾肆〕于徽术，当粟二千八百三十斛一千四百一十三分斛之一千二百一十。

〔**叁拾伍**〕依徽术,当积三百三十四尺四百七十一分尺之一百八十六。

〔**叁拾陆**〕依徽术,当菽一百三十七斛一万二千七百一十七分斛之七千七百七十一。

〔**叁拾柒**〕于徽术,当积三十三尺四百七十一分尺之四百五十七。

〔**叁拾捌**〕于徽术,当米二十斛三万八千一百五十一分斛之三万六千九百八十。

〔**叁拾玖**〕此犹圆锥也。于徽术,亦当下周自乘,以高乘之,又以二十五乘之,九百四十二而一也。

〔**肆拾**〕居圆锥之半也。

〔**肆拾壹**〕于徽术,当令此下周自乘,以高乘之,又以二十五乘之,四百七十一而一。依垣之周,半于全周。其自乘之幂,居全周自乘之幂四分之一,故半全周之法,以为法也。

〔**肆拾贰**〕角,隅也,居圆锥四分之一也。

〔**肆拾叁**〕于徽术,当令此下周自乘,而倍之,以高乘之,又以二十五乘之,四百七十一而一。依隅之周,半于依垣。其自乘之幂,居依垣自乘之幂四分之一。当半依垣之法,以为法;法不可半,故倍其实。又此术亦用"周三径一"之率。假令以三除周,得径;若不尽,通分内子,即为径之积分。令自乘,以高乘之,为三方锥之积分。母自相乘得九,为法,又当三而一,约方锥之积。从方锥中求圆锥之积,亦犹方幂求圆幂。乃当三乘

之,四而一,得圆锥之积。前求方锥积,乃合三而一;今求圆锥
之积,复合三乘之。二母既同,故相准折。惟以四乘分母九,得
三十六而连除,得圆锥之积。其圆锥之积与平地聚粟同,故三
十六而一。

〔肆拾肆〕二尺七寸者,谓方一尺,深二尺七寸,凡积二千七
百寸。

〔肆拾伍〕谓积一千六百二十寸。

〔肆拾陆〕谓积二千四百三十寸。此为以精粗为率,而不等
其概也。粟率五,米率三,故米一斛于粟一斛五分之三;菽、荅、
麻、麦亦如本率云。故谓此三量器为概,而皆不合于今斛。当
今大司农斛,圆径一尺三寸五分五厘,正深一尺。于徽术,为积
一千四百四十一寸,排成余分,又有十分寸之三。王莽铜斛于
今尺为深九寸五分五厘,径一尺三寸六分八厘七毫。以徽术计
之,于今斛为容九斗七升四合(gě)有奇。《周官·考工记》:㮚
(lì)氏为量,深一尺,内方一尺而圆外,其实一鬴(fǔ)。于徽术,
此圆积一千五百七十寸。《左氏传》曰:"齐旧四量,豆、区、釜、
钟。四升曰豆,各自其四,以登于釜。釜十则钟。"钟六斛四斗。
釜六斗四升,方一尺,深一尺,其积一千寸。若此方积容六斗四
升,则通外圆积成旁,容十斗四合一龠(yuè)五分龠之三也。以
数相乘之,则斛之制:方一尺而圆其外,庞(tiāo)旁一厘七毫,
幂一百五十六寸四分寸之一,深一尺,积一千五百六十二寸半,
容十斗。王莽铜斛与《汉书·律历志》所论斛同。

原文翻译

【23】在平地堆放粟，粟堆为圆锥形，下周长 12 丈，高 2 丈。问：它的体积是多少？粟有多少？答：体积是 8 000（立方）尺，粟有 $2\,962\frac{26}{27}$ 斛。

【24】挨着墙壁堆放菽，菽堆为半圆锥形，下周长 3 丈，高 7 尺。问：它的体积是多少？菽有多少？答：体积是 350（立方）尺，菽有 $144\frac{8}{243}$ 斛。

【25】挨着内墙角堆放米，米堆为四分之一圆锥形，下周长 8 尺，高 5 尺。问：它的体积是多少？米有多少？答：体积是 $35\frac{5}{9}$（立方）尺，米有 $21\frac{691}{729}$ 斛。

堆粟算法：（圆锥）下周长自乘，再乘高，除以 36。当挨着墙壁堆放时，除以 18。这是因为底面周长为半圆周，所以它自乘得圆周自乘的四分之一，而半圆锥体积为圆锥的一半，所以以半圆周当圆周求半圆锥体积时，需要将圆锥体积公式乘 4 除以 2。同样的道理，挨着墙内角堆放时，则除以 9。规定粟一斛的体积为 $2\frac{7}{10}$（立方）尺；米一斛的体积为 $1\frac{62}{100}$（立方）尺；菽、苔、麻、麦一斛的体积为 $2\frac{43}{100}$（立方）尺。

注解

此处用的是【13】中的算法。

为什么同样都是一斛，粟、米、菽的体积却不一样呢？按刘徽的解释，这是对不同粮食按"粟米"卷的比例折算而成的。刘徽同时引用了《考工记》，说明此处的量具并非是当时的标准量具。

【二六】今有穿地，袤一丈六尺，深一丈，上广六尺，为垣积五百七十六尺。问：穿地下广几何？答曰：三尺五分尺之三。

术曰：置垣积尺，四之为实[肆拾柒]。以深、袤相乘[肆拾捌]，又三之，为法[肆拾玖]。所得，倍之[伍拾]。减上广，余即下广[伍拾壹]。

〔肆拾柒〕穿地四，为坚三。垣，坚也。以坚求穿地，当四之，三而一也。

〔肆拾捌〕为深、袤之立幂也。

〔肆拾玖〕以深、袤乘之立幂除垣积，即坑广。又三之者，与坚率并除之。

〔伍拾〕坑有两广，先并而半之，即为广狭之中平。今先得其中平，故又倍之，知两广全也。

〔伍拾壹〕按此术，穿地四，为坚三。垣即坚也。今以坚求穿地，当四乘之，三而一。深、袤相乘者，为深袤立幂。以深袤立幂除积，即坑广。又三之，为法，与坚率并除。所得，倍之者，为坑有两广，先并而半之，为中平之广。今此得中平之广，故倍之还为两广并。故减上广，余即下广也。

原文翻译

【26】现在挖坑，要求长1丈6尺，深1丈，上底面宽6尺，用挖的土筑土墙，体积为576（立方）尺。问：挖地的下底面宽是多少？答：$3\frac{3}{5}$尺。

算法：取土墙的体积的（立方）尺数，乘 4，作为"实"。深长相乘，再乘 3，作为"法"。所得结果乘 2，再减去上底面宽，所得即为下底面宽。

注解

题中的坑为上、下底面等长不等宽的长方形，纵截面为梯形的柱体躺倒状，所以其体积可以用【2】～【7】中的城、垣、堤、沟、堑、渠算法求解。取土做墙，需用坚土，由【1】，挖地 4，折合坚土 3，所以筑土墙用土的体积与需要挖地的体积之比应为 4∶3。于是按题中算法柱体的中宽为 $\dfrac{4}{3}\dfrac{\text{土墙体积}}{\text{长}\times\text{深}}$。用它的 2 倍减去上底面宽就得到下底面宽。

> **【二七】** 今有仓，广三丈，袤四丈五尺，容粟一万斛。问：高几何？答曰：二丈。
>
> **术曰**：置粟一万斛积尺为实。广袤相乘为法。实如法而一，得高尺[伍拾贰]。
>
> [**伍拾贰**] 以广袤之幂除积，故得高。按此术，本以广袤相乘，以高乘之，得此积。今还原，置此广袤相乘为法，除之，故得高也。

原文翻译

【27】已知长方体仓库宽 3 丈，长 4 丈 5 尺，可容纳粟 10 000 斛。问：它的高是多少？答：2 丈。

算法：取 10 000 斛粟的体积的（立方）尺数作为"实"。长宽相乘作为"法"。以"法"除"实"，即得到高的尺数。

【二八】今有圆囷〔伍拾叁〕，高一丈三尺三寸少半寸，容米二千斛。问：周几何？答曰：五丈四尺〔伍拾肆〕。

术曰：置米积尺〔伍拾伍〕，以十二乘之，令高而一。所得，开方除之，即周〔伍拾陆〕。

〔**伍拾叁**〕圆囷，廪也，亦云圆囤也。

〔**伍拾肆**〕于徽术，当周五丈五尺二寸二十分寸之九。

〔**伍拾伍**〕此积犹圆堢壔之积。

〔**伍拾陆**〕于徽术，当置米积尺，以三百一十四乘之，为实。二十五乘囷高，为法。所得，开方除之，即周也。此亦据见幂以求周，失之于微少也。晋武库中有汉时王莽所作铜斛，其篆书字题斛旁云："律嘉量斛，方一尺而圆其外，庞旁九厘五毫，幂一百六十二寸；深一尺，积一千六百二十寸，容十斗。"及斛底云："律嘉量斗，方尺而圜其外，庞旁九厘五毫，幂一尺六寸二分，深一寸，积一百六十二寸，容一斗。"合、龠皆有文字。升居斛旁，合、龠在斛耳上。后有赞文，与今《律历志》同，亦魏、晋所常用。今粗疏王莽铜斛文字、尺、寸、分数，然不尽得升、合、勺之文字。按此术，本周自相乘，以高乘之，十二而一，得此积。今还元，置此积，以十二乘之，令高而一，即复本周自乘之数。凡物自乘，开方除之，复其本数。故开方除之，即得也。

原文翻译

【28】已知圆柱体谷仓高 1 丈 3 尺 3 $\frac{1}{3}$ 寸，可容纳米 2 000 斛。问：

它底面的周长是多少? 答: 5 丈 4 尺。

算法: 取(2 000 斛)米的体积的(立方)尺数, 乘 12, 除以高。所得结果开平方, 就得到底面周长。

卷六　均输

均　输^{〔壹〕}

〔壹〕以御远近劳费。

注解

"均输"一卷，主要处理路程远近不同摊派徭役数量的问题。

【一】今有均输粟，甲县一万户，行道八日；乙县九千五百户，行道十日；丙县一万二千三百五十户，行道十三日；丁县一万二千二百户，行道二十日，各到输所。凡四县赋当输二十五万斛，用车一万乘。欲以道里远近、户数多少衰出之，问：粟、车各几何？答曰：甲县粟八万三千一百斛，车三千三百二十四乘。乙县粟六万三千一百七十五斛，车二千五百二十七乘。丙县粟六万三千一百七十五斛，车二千五百二十七乘。丁县粟四万五百五十斛，车一千六百二十二乘。

术曰：令县户数各如其本行道日数而一，以为衰[贰]。甲衰一百二十五，乙、丙衰各九十五，丁衰六十一，副并为法。以赋粟车数乘未并者，各自为实[叁]。实如法得一车[肆]。有分者，上下辈之[伍]。以二十五斛乘车数，即粟数。

[贰] 按此均输，犹均运也。令户率出车，以行道日数为均，发粟为输。据甲行道八日，因使八户共出一车；乙行道十日，因使十户共出一车。计其在道，则皆户一日出一车，故可为均平之率也。

[叁] 衰分科率。

[肆] 各置所当出车，以其行道日数乘之，如户数而一，得率，户用车二日、四十七分日之三十一，故谓之均。求此率以户，当各计车之衰分也。

[伍] 辈，配也。车、牛、人之数，不可分裂，推少就多，均赋之宜。今按甲分既少，宜从于乙。满法除之，有余从丙。丁分又少，亦宜就丙，除之适尽。加乙、丙各一，上下辈益，以少从多也。

原文翻译

【1】现在要以"均输"的方式运粟，甲县有 10 000 户，需要 8 天的行程；乙县有 9 500 户，需要 10 天的行程；丙县有 12 350 户，需要 13 天的行程；丁县有 12 200 户，需要 20 天的行程，各自到运粮站。4 县总共需用车 10 000 辆，运送 250 000 斛粟。想要按照距离远近、户数多少进行按比例分配，问：各县的粟和车分别为多少？答：甲县粟 83 100 斛，车 3 324 辆；

乙县粟 63 175 斛，车 2 527 辆；丙县粟 63 175 斛，车 2 527 辆；丁县粟 40 550 斛，车 1 622 辆。

算法： 各县的户数除以各自行程天数，作为各自的分配比数（列衰），约分即有甲县 125，乙县、丙县 95，丁县 61。将分配比数求和作为"法"。用总车数乘各自的分配比数作为"实"。以"法"除"实"即得到各县出车的数量。如果出现分数，各县之间上下增减成凑整数。本题中，算得甲县和丁县的余数相对较小，因此各取整，转零给乙县、丙县。再分别用每辆车的运粟量 25 斛乘各县的出车数，就得出各县运米数。

注解

这里的"均输"一词可能来自西汉时期的均输法，但从阜阳双古堆残简《算术书》来看，先秦已有"均输问题"。其基本思想是将各地物产成本和运输成本折算入劳役或贡品，从而达到平均各地劳役的目的。用今天的观点看，即是将需要从各地调集的物品总数（"输"）按照各地各项成本不同加权平均（"均"）分配。其权重比数即为"衰分"卷中的"列衰"。所以"均输"各算法的关键都在于根据"均"的条件确定"列衰"，之后就可以归结为今有术和衰分算法的应用。本卷前四题处理的都是标准的"均输"问题。

题【1】中要运送的是粟，所以需要分配的"输"即为粟的数量。因为每辆车的载量是均等的，所以只需要算出每县应分配的车数，而计量每户所出的劳役，用的是每户出的车数乘行车日数。由于各县距粮站行程不同，因此距离越远的县应该分配每户用车数越少，从而使得每户用车数乘天数相等，这就是所谓的"均"。所以每县车数的分配比数应该等于每县人数除以行程天数，然后就可以按"衰分"卷中的衰分算法进行计算了。但是这样得到的结果可能有分数。由于整车无法分割，所以在这种情况下，需要对结果取整之后做简单的调整。同理，下题的人数也是如此,但如果像【3】中那样粮食容积可以分割,就不需要取整。

【二】今有均输卒:甲县一千二百人,薄塞;乙县一千五百五十人,行道一日;丙县一千二百八十人,行道二日;丁县九百九十人,行道三日;戊县一千七百五十人,行道五日。凡五县,赋输卒一月一千二百人。欲以远近、人数多少衰出之,问:县各几何? 答曰:甲县二百二十九人。乙县二百八十六人。丙县二百二十八人。丁县一百七十一人。戊县二百八十六人。

术曰:令县卒各如其居所及行道日数而一,以为衰[陆]。甲衰四,乙衰五,丙衰四,丁衰三,戊衰五,副并为法。以人数乘未并者各自为实。实如法而一[柒]。有分者,上下辈之[捌]。

〔陆〕按:此亦以日数为均,发卒为输。甲无行道日,但以居所三十日为率。言欲为均平之率者,当使甲三十人而出一人,乙三十一人而出一人。出一人者,计役则皆一人一日,是以可为均平之率。

〔柒〕为衰,于今有术,副并为所有率,未并者各为所求率,以赋卒人数为所有数。此术以别,考则意同,以广异闻,故存之也。各置所当出人数,以其居所及行道日数乘之,如县人数而一。得率:人役五日七分日之五。

〔捌〕辈,配也。今按:丁分最少,宜就戊除。不从乙者,丁近戍故也。满法除之，有余从乙。丙分又少，亦就乙除，有余从甲。除之适尽。从甲、丙二分，其数正等，二者于乙远近皆同，不以甲从乙者，方以下从上也。

原文翻译

【2】现在各县征兵役：甲县共 1 200 人，贴近边塞；乙县共 1 550 人，往边塞来回要走 1 天；丙县共 1 280 人，往边塞来回要走 2 天；丁县共 990 人，往边塞来回要走 3 天；戊县共 1 750 人，往边塞来回要走 5 天。5 个县共需征 1 200 人服兵役 1 个月。想要以远近、人数平均分配。问：5 县各征多少人？答：甲县 229 人，乙县 286 人，丙县 228 人，丁县 171 人，戊县 286 人。

算法：各县人数除以各自路上的天数与在边塞戍守的天数之和，作为"列衰"，即有分配比数甲县率 4，乙县率 5，丙县率 4，丁县率 3，戊县率 5，相加之和作为"法"。用总征兵数分别乘每县的分配比数，作为"实"，以"法"除"实"，即得出每县的征兵数。如果出现分数，就上下凑整。

注解

这一题和上一题本质一样，只是以总兵役数 1 200 人为"输"，按各县每人出兵役数乘天数为"均"，但是去往边塞的行路天数需要算入服兵役天数中，所以有

$$某县每人服兵役量 = \frac{某县服兵役人数}{某县人数} \times (戍边天数 + 行道天数),$$

由此得到了题目中的算法。若是用今有术来理解，便是以分配比数的和为"所有率"，每县的分配比数为各自的"所求率"，每县的人数为"所有数"。所以"均输"卷许多计算，仍是以今有术为基础。

【三】今有均赋粟：甲县二万五百二十户，粟一斛二十钱，自输其县；乙县一万二千三百一十二户，粟一斛一十钱，至输所二百里；丙县七千一百八十二户，粟一斛一十二钱，至输所一百五十里；丁县一万三千三百三十八户，粟一斛一十七钱，至输所二百五十里；戊县五千一百三十户，粟一斛一十三钱，至输所一百五十里。凡五县赋输粟一万斛。一车载二十五斛，与僦一里一钱。欲以县户赋粟，令费劳等，问：县各粟几何？答曰：甲县三千五百七十一斛二千八百七十三分斛之五百一十七。乙县二千三百八十斛二千八百七十三分斛之二千二百六十。丙县一千三百八十八斛二千八百七十三分斛之二千二百七十六。丁县一千七百一十九斛二千八百七十三分斛之一千三百一十三。戊县九百三十九斛二千八百七十三分斛之二千二百五十三。

术曰：以一里僦价乘至输所里〔玖〕，以一车二十五斛除之〔壹拾〕，加以斛粟价，则致一斛之费〔壹拾壹〕。各以约其户数，为衰〔壹拾贰〕。甲衰一千二十六，乙衰六百八十四，丙衰三百九十九，丁衰四百九十四，戊衰二百七十，副并为法。所赋粟乘未并者，各自为实。实如法得一〔壹拾叁〕。

〔玖〕此以出钱为均也。问者曰："一车载二十五斛，与僦一里一钱。"一钱，即一里僦价也。以乘里数者，欲知僦一车到输所所用钱也。甲自输其县，则无取僦价也。

〔壹拾〕欲知僦一斛所用钱。

〔壹拾壹〕加以斛之价于一斛傭直，即凡输粟取傭钱也：甲一斛之费二十，乙、丙各十八，丁二十七，戊十九也。

〔壹拾贰〕言使甲二十户共出一斛，乙、丙十八户共出一斛。计其所费，则皆户一钱，故可为均赋之率也。

〔壹拾叁〕各置所当出粟，以其一斛之费乘之，如户数而一，得率：户出三钱二千八百七十三分钱之一千三百八十一。

原文翻译

【3】现在要均摊粟税：甲县共 20 520 户，粟价 1 斛 20 钱，自行送到本县；乙县 12 312 户，粟价 1 斛 10 钱，运输到 200 里外；丙县 7 182 户，粟价 1 斛 12 钱，运输到 150 里外；丁县 13 338 户，粟价 1 斛 17 钱，运输到 250 里外；戊县 5 130 户，粟价 1 斛 13 钱，运输到 150 里外。5 县总共需输送税粟 10 000 斛。1 辆车可以载粟 25 斛，租车的价格是 1 里 1 钱。按各县户数均摊粟税，使耗费均等。问：各县运输多少粟？答：甲县 $3\,571\frac{517}{2\,873}$ 斛，乙县 $2\,380\frac{2\,260}{2\,873}$ 斛，丙县 $1\,388\frac{2\,276}{2\,873}$ 斛，丁县 $1\,719\frac{1\,313}{2\,873}$ 斛，戊县 $939\frac{2\,253}{2\,873}$ 斛。

算法：用 1 里的租车价格乘各县需运输里数，除以每车 25 斛，加上各县 1 斛米的价格，就是各县运输 1 斛粟所需要的费用。用该费用除各县户数，就是各县的分配比数。即有列衰甲县 1 026，乙县 684，丙县 399，丁县 494，戊县 270。求和后作为"法"，五县需缴纳税粟总额乘各自分配比数作为"实"，以"法"除"实"即得各县运输粟的斛数。

注解

本题的关键是确定以各县一户输送粟一斛的成本为"均"，而粟的输送成本包括当地价格和路上运费两部分，后者需要折合到每一斛的粟中，这样的计算方法和今天通行的运费成本核算原则是基本一致的。需要指出的是这样算得的结果和实际操作的运费还会有一定的出入，原因在于虽然粟数可以精确到分数，但是所雇车数还是只能是整数。想要避免这样的出入，需要像【1】那样对雇车总数 $\frac{10\,000}{25} = 400$ 辆做每车成本核算的均输计算。

这一题反映了汉代均输法的一些措施，主要是为了改变西汉前期各地向中央直接输送指定贡品所产生的运费高昂和物价不均的问题。其中有两条重要措施，其一是部分贡品不再直接送往中央，而是直接在低价区折价购买后由政府统一（从"输所"）输送到高价区，这样既减少沿途损耗，又可以令政府从中获利；其二是将运输、人力等成本折算入贡品价值，从而相对减少百姓的赋税和劳役负担。均输法的基本思想在之后的近两千年中被一直沿用。

【四】今有均赋粟：甲县四万二千算，粟一斛二十，自输其县；乙县三万四千二百七十二算，粟一斛一十八，佣价一日一十钱，到输所七十里；丙县一万九千三百二十八算，粟一斛一十六，佣价一日五钱，到输所一百四十里；丁县一万七千七百算，粟一斛一十四，佣价一日五钱，到输所一百七十五里；戊县二万三千四十算，粟一斛一十二，佣价一日五钱，到输所二百一十里；己县一万九千一百三十六算，粟一斛一十，佣价一日五钱，到输所二百八十里。凡六县赋粟六万斛，皆输甲县。六人共车，车载二十五斛，重车日行五十里，空车日行七十里，载输之间各一日。粟有贵贱,佣各别价,以算出钱,令费劳等,问:县各粟几何? 答曰:甲县一万八千九百四十七斛一百三十三分斛之四十九。乙县一万八百二十七斛一百三十三分斛之九,丙县七千二百一十八斛一百三十三分斛之六。丁县六千七百六十六斛一百三十三分斛之一百二十二。戊县九千二十二斛一百三十三分斛之七十四。己县七千二百一十八斛一百三十三分斛之六。

术曰:以车程行空、重相乘为法,并空、重,以乘道里,各自为实,实如法得一日〔壹拾肆〕。加载输各一日〔壹拾伍〕,而以六人乘之〔壹拾陆〕,又以佣价乘之〔壹拾柒〕,以二十五斛除之〔壹拾捌〕,加一斛粟价,即致一斛之费〔壹拾玖〕。各以约其算数为衰〔贰拾〕,副并为法。以所赋粟乘未并者,各自为实。实如法得一斛〔贰拾壹〕。

〔壹拾肆〕按:此术重往空还,一输再行道也。置空行一里用七十分日之一,重行一里用五十分日之一。齐而同之,空、重行一里之路,往返用一百七十五分日之六。完言之者,一百七十五里之路,往返用六日也。故并空、重者,齐其子也;空、重相乘者,同其母也。于今有术,至输所里为所有数,六为所求率,一百七十五为所有率,而今有之,即各得输所用日也。

〔壹拾伍〕故得凡日也。

〔壹拾陆〕欲知致一车用人也。

〔壹拾柒〕欲知致车人佣直几钱。

〔壹拾捌〕欲知致一斛之佣直也。

〔壹拾玖〕加一斛之价于致一斛之佣直,即凡输一斛粟取佣所用钱。

〔贰拾〕今按:甲衰四十二,乙衰二十四,丙衰十六,丁衰十五,戊衰二十,已衰十六。于今有术,副并为所有率,未并者各自为所求率,所赋粟为所有数。此今有、衰分之义也。

〔贰拾壹〕各置所当出粟,以其一斛之费乘之,如算数而一,得率:算出九钱一百三十三分钱之三。又载输之间各一日者,即二日也。

原文翻译

【4】现要均摊税粟,甲县算赋为 42 000 "算",粟价 1 斛 20 钱,送到本县输所;乙县 34 272 "算",粟价 1 斛 18 钱,雇脚夫每天 10 钱,送到 70 里外输所;丙县 19 328 "算",粟价 1 斛 16 钱,雇脚夫每天 5 钱,送到 140 里外输所;丁县 17 700 "算",粟价 1 斛 14 钱,雇脚夫每天 5 钱,送到 175 里外输所;戊县 23 040 "算",粟价 1 斛 12 钱,雇脚夫每天 5 钱,送到 210 里外输所;已县 19 136 "算",粟价 1 斛 10 钱,雇脚夫每天 5 钱,送到 280 里外输所。如此六县总共需缴纳粟税 60 000 斛,全部送往甲县输所。每 6 名脚夫拉 1 辆车,每车装粟 25 斛,满载每天行驶 50 里,空载每天行驶 70 里,装卸需各用 1 天。粟价不同,脚夫工价不同,若按各县的 "算" 出钱,使各县花费均等。问:各县缴纳多少粟米? 答:甲县 $18\,947\frac{49}{133}$,乙县 $10\,827\frac{9}{133}$,丙县 $7\,218\frac{6}{133}$,丁县 $6\,766\frac{122}{133}$,戊县 $9\,022\frac{74}{133}$,已县 $7\,218\frac{6}{133}$。

　　算法：空载车与满载车每天行程相乘,作为"法",空载车与满载车每天行程之和乘各县的里程,各作为"实",以"法"除"实",就得到各县需运送的天数。加上装卸各 1 天,再乘人数 6,再和脚夫的工价相乘。结果再除以每车载粟数 25 斛,就得到了每斛粟的运费。再加上每斛粟米的价格,就得到各县运送每 1 斛粟米所需要的总费用。以各县算数除以该结果作为列衰,相加后作为"法",粟税总数乘列衰作为"实",以"法"除"实"得到各县需输送的粟的斛数。

注解

　　各县"算"数不同,"算"多者应出粟多,同时各县距输所远近不同,运费不同,单位运费多者应出粟少。所以本题的关键是求出每斛粟的运费。刘徽在注中解释了这里的算法。空车行一里路要用 $\frac{1}{70}$ 日,满车行一里路用 $\frac{1}{50}$ 日,这是以一里路为单位对日数求"齐"。若求整数日数,便是行 175 里路,往返要用 6 日。所以算法中的"空车、满车"每天行程数相乘,是在"同其母",而相加是在"齐其子"之后相加。以此为率,用今有术,将各县里程作为所有数,按算法即得到各县到输所的往返天数。

　　【五】今有粟七斗,三人分舂之,一人为粝米,一人为粺米,一人为䵚米,令米数等。问:取粟、为米各几何? 答曰:粝米取粟二斗一百二十一分斗之一十。粺米取粟二斗一百二十一分斗之三十八。䵚米取粟二斗一百二十一分斗之七十三。为米各一斗六百五分斗之一百五十一。

　　术曰:列置粝米三十,粺米二十七,䵚米二十四,而返衰之〔贰拾贰〕。副并为法。以七斗乘未并者,各自为取粟实。实如法得一斗〔贰拾叁〕。若求米等者,以本率各乘定所取粟为实,以粟率五十为法,实如法得一斗〔贰拾肆〕。

〔贰拾贰〕此先约三率:粝为十,粺为九,糳为八。欲令米等者,其取粟:粝率十分之一,粺率九分之一,糳率八分之一。当齐其子,故曰反衰也。

〔贰拾叁〕于今有术,副并为所有率,未并者各为所求率,粟七斗为所有数,而今有之,故各得取粟也。

〔贰拾肆〕若径求为米等数者,置粝米三,用粟五;粺米二十七,用粟五十;糳米十二,用粟二十五。齐其粟,同其米,并齐为法。以七斗乘同为实。所得,即为米斗数。

原文翻译

【5】现有 3 个人舂 7 斗粟。1 人舂成粝米,1 人舂成粺米,1 人舂成糳米,使得每人舂成的米粮相等。问:每人各取粟多少? 舂成多少米?

答:舂成粝米需要取粟 $2\frac{10}{121}$ 斗;舂成粺米需要取粟 $2\frac{38}{121}$ 斗;舂成糳米需要取粟 $2\frac{73}{121}$ 斗。每人舂成的米都是 $1\frac{151}{605}$ 斗。

算法:按"粟米"率,粝米 30,粺米 27,糳米 24,约分后用返衰算法,即有三者列衰 $\frac{1}{10}$,$\frac{1}{9}$,$\frac{1}{8}$,见"衰分"【8】得到的分配比数相加作为"法",用粟总数 7 斗分别乘各人的分配比数作为"实"。以"法"除"实"得到个人取粟的斗数。要求各人舂成的米数,用各自的本率分别乘所取粟的斗数,作为"实",以粟率 50 作为"法",相除即得结果。

注解

这一题的算法完全使用了"衰分"卷的返衰算法和"粟米"卷的今有术。但是如果将粟的总数 7 斗视作"输",将粝米、粺米和糳米与粟的换算率视作"运输成本",令"运输成本"相等为"均",那么就转化成了均输问题。感兴趣的读者可以进一步思考。

从这一题开始,本卷的题目已经脱离了"均输"的本来意思,但它们都可以从某个角度转化为"均输"问题,并且其算术的原则都是"率"的思想的"齐同"原理,所用的方法都是"通公共率"。可能正是因为如此,张苍、耿寿昌才将这些题目编入"均输"章。

【六】今有人当禀粟二斛。仓无粟,欲与米一、菽二,以当所禀粟。问:各几何? 答曰:米五斗一升七分升之三。菽一斛二升七分升之六。

术曰: 置米一、菽二,求为粟之数。并之,得三、九分之八,以为法。亦置米一、菽二,而以粟二斛乘之,各自为实。实如法得一斛。

原文翻译

【6】现有人要领粟 2 斛,但粮仓中没有粟,想用 1 份粝米、2 份菽代替。问:应各给粝米、菽各多少? 答:粝米 5 斗 1 $\frac{3}{7}$ 升。菽 1 斛 2 $\frac{6}{7}$ 升。

算法:取粝米 1、菽 2,折算成粟。相加得 3 $\frac{8}{9}$,作为"法"。再以粝米

1、菽 2，分别乘粟数 2 斛，作为"实"。以"法"除"实"，即得应取粝米、菽的斛数。

注解

　　按今有术，这一算法即是说粝米 1 份加菽 2 份，能一起换粟 $3\frac{8}{9}$ 份，于是"所有数"为粟数 2 斛，"所有率"$3\frac{8}{9}$，粝米和菽的"所求率"分别为 1 和 2。按均输法，则将粟 2 斛作为"输"，粝米 1 份、菽 2 份与粟的率为"运输成本"，以"运输成本"相等为"均"。本卷多题涉及类似的不同理解，除了上面提到的"今有""衰分"外，下面还有数题和"盈不足"卷中的题目本质相同。这说明中国古代算术思想是非常灵活的。

　　【七】今有取佣，负盐二斛，行一百里，与钱四十。今负盐一斛七斗三升少半升，行八十里。问：与钱几何？ 答曰：二十七钱一十五分钱之一十一。

　　术曰：置盐二斛升数，以一百里乘之为法〔贰拾伍〕。以四十钱乘今负盐升数，又以八十里乘之，为实。实如法得一钱〔贰拾陆〕。

　　〔贰拾伍〕按：此术以负盐二斛升数乘所行一百里，得二万里。是为负盐一升行二万里，得钱四十。于今有术，为所有率。

　　〔贰拾陆〕以今负盐升数乘所行里，今负盐一升凡所行里也。于今有术以所有数，四十钱为所求率也。衰分章"贷人千钱"与此同。

原文翻译

【7】雇佣脚夫运盐,背2斛走100里,付40钱工钱。现脚夫背1斛7

斗$3\frac{1}{3}$升走80里。问:应付多少工钱?答:应付工钱$27\frac{11}{15}$钱。

算法: 取盐2斛化为升数,与100里相乘,作为"法"。钱数40乘现

在背盐的升数,再乘80里,作为"实"。相除后即得所求。

注解

本题用今有术,与"衰分"【20】本质相同。

【八】今有负笼重一石一十七斤,行七十六步,五十返。今
负笼重一石,行百步,问:返几何?答曰:四十三返、六十分返
之二十三。

术曰: 以今所行步数乘今笼重斤数为法[贰拾柒]。故笼重斤
数乘故步,又以返数乘之,为实。实如法得一返[贰拾捌]。

〔贰拾柒〕此法谓负一斤一返所行之积步也。

〔贰拾捌〕按:此法,负一斤一返所行之积步;此实者一斤
一日所行之积步。故以一返之课除终日之程,即是返数也。
按:此负笼又有轻重,于是为术者因令重者得返少,轻者得返
多。故又因其率以乘法、实者,重今有之义也。然此意非也。
按:此笼虽轻而行有限,笼过重则人力遗。力有遗而术无穷,人
行有限而笼轻重不等。使其有限之力随彼无穷之变,故知此术
率乖理也。若故所行有空行返数,设以问者,当因其所负以为
返率,则今返之数可得而知也。假令空行一日六十里,负重一

斜行四十里。减重一斗进二里半，负重二斗以下与空行同。今
负笼重六斗，往返行一百步，问返几何？答曰：一百五十返。术
曰：置重行率，加十里，以里法通之，为实。以一返之步为法。
实如法而一，即得也。

原文翻译

【8】用笼背物，若笼重 1 石 17 斤，（往返）行程 76 步，一天可以往返
50 次。现笼重 1 石，行程 100 步，问：一天可以往返多少次？答：一天可
以往返 $43\frac{23}{60}$ 次。

算法：现背笼的斤数乘行程的步数，作为"法"。之前背笼子的斤
数乘行程步数再乘往返次数，作为"实"。以"法"除"实"即得现往返
次数。

注解

本题假设人负重搬运一天的"体力"或"工作量"为定值，即为负重、
行程和往返数的乘积，其意义为负重 1 石行程 1 步一天可往返的次数。
从而在负重、路程、往返次数三个主要因素中，任意一个和其他两个因素
的乘积成"返衰"关系，所以这一题仍是用今有术求解。注中指出，这样
的关系处理和现实相比过于简单，因为人的负重和行程都有上限，而两
者之间也不一定满足简单的反比关系。用今天流行的话说，刘徽注在此
处给出了一个新的"数学模型"：假设人负重上限为 1 斛，日行 40 里，而
不负重的话可以日行 60 里。再假设人负重每轻 1 斗，就能增加日行程
$2\frac{1}{2}$ 里，直到负重降到 3 斗以下，此时日行程就和不负重一样。现人负重
6 斗，往来 100 步，问往返几何？这一题可以用调整过的今有术，也可以

用"盈不足"卷中的方法进行计算。感兴趣的读者可以验证,答案是往返150次。

【九】今有程传委输,空车日行七十里,重车日行五十里。今载太仓粟输上林,五日三返,问:太仓去上林几何? 答曰:四十八里一十八分里之一十一。

术曰:并空、重里数,以三返乘之,为法。令空、重相乘,又以五日乘之,为实。实如法得一里〔贰拾玖〕。

〔贰拾玖〕此亦如上术。率:一百七十五里之路,往返用六日也。于今有术,则五日为所有数,一百七十五里为所求率,六日为所有率。以此所得,则三返之路。今求一返,当以三约之,因令乘法而并除也。为术亦可各置空、重行一里用日之率,以为列衰,副并为法。以五日乘列衰为实。实如法,所得即各空、重行日数也。各以一日所行以乘,为凡日所行。三返约之,为上林去太仓之数。

原文翻译

【9】有驿站受委托运粮食,空车每天可以走 70 里,满载车每天可以走 50 里。现将太仓的粟运到上林,5 天往返 3 次。问:太仓到上林有多远? 答:太仓到上林的距离为 $48\frac{11}{18}$ 里。

算法:将空车、满载车每天行走里数相加,乘往返次数 3,作为"法"。将空车、满载车每天行走里数相乘,再乘天数 5,作为"实"。以"法"除

"实"得到两地的距离。

注解

　　题意是指满载车运往而空车运回，所以满载车、空车总行程相同。因此，求空车和满载车行车日数的"列衰"，只需求它们速度70，50之比的"返衰"，即为50,70。以此作为5天的分配比数，即可算出满载车的行程日数，乘满载车日行里数再除以3，即得两地距离。这种解法本质上和均输问题是一样的，其中以天数为"输"，以路程数相同为"均"。

　　刘徽注还给出了"试算"一次的今有术解法。即假设两地距离为175里，那么可以计算往返需要$\frac{175}{70}+\frac{175}{50}=6$日，所以以175里为"所有数"，6日为"所有率"，5日为"所求率"，得到"所求数"为$\frac{875}{6}$里。这是往返三日的单程里数，除以3，即得所求结果。

　　读者在阅读"盈不足"卷后，还可以用两次试算的盈不足术解该题，希望感兴趣的读者届时能回到此处，更作思考。

　　【一〇】今有络丝一斤为练丝一十二两，练丝一斤为青丝一斤一十二铢。今有青丝一斤，问：本络丝几何？答曰：一斤四两一十六铢三十三分铢之一十六。

　　术曰：以练丝十二两乘青丝一斤一十二铢为法。以青丝一斤铢数乘练丝一斤两数，又以络丝一斤乘，为实。实如法得一斤[叁拾]。

　　[叁拾]按：练丝一斤为青丝一斤十二铢，此练率三百八

十四,青率三百九十六也。又络丝一斤为练丝十二两,此络率十六,练率十二也。置今有青丝一斤,以练率三百八十四乘之,为实。实如青丝率三百九十六而一。所得,青丝一斤,练丝之数也。又以络率十六乘之,所得为实;以练率十二为法。所得,即练丝用络丝之数也。是谓重今有也。虽各有率,不问中间。故令后实乘前实,后法乘前法而并除也。故以练丝两数为实,青丝铢数为法。一曰:又置络丝一斤两数与练丝十二两,约之,络得四,练得三。此其相与之率。又置练丝一斤铢数与青丝一斤一十二铢,约之,练得三十二,青得三十三。亦其相与之率。齐其青丝、络丝,同其二练,络得一百二十八,青得九十九,练得九十六,即三率悉通矣。今有青丝一斤为所有数,络丝一百二十八为所求率,青丝九十九为所有率。为率之意犹此,但不先约诸率耳。凡率错互不通者,皆积齐同用之。放此,虽四五转不异也。言同其二练者,以明三率之相与通耳,于术无以异也。又一术:今有青丝一斤铢数乘练丝一斤两数,为实;以青丝一斤一十二铢为法。所得,即用练丝两数。以络丝一斤乘所得为实,以练丝十二两为法,所得,即用络丝斤数也。

原文翻译

【10】假设 1 斤生丝可以做成 12 两熟丝,1 斤熟丝可以做成 1 斤 12 铢青丝。现在有 1 斤青丝,问:原有多少生丝? 答:原有生丝 1 斤 4 两 $16\frac{16}{33}$铢。

算法:用熟丝的 12 两乘青丝的 1 斤 12 铢,作为"法"。用青丝的 1

斤化为的铢数乘熟丝的 1 斤化为的两数，再乘生丝 1 斤，作为"实"。相除后即得所求的生丝数。

注解

　　这一题可以与"衰分"卷中的【17】比较，和那里一样，这里算法也并没有将所有的单位化为一致，而只是将前后的熟丝单位、生丝单位和青丝单位分别一致化了。两处的理由也是一样的："凡所谓率者，细则俱细，粗则俱粗，两数相推而已"。本题既可看作是研究三种不同丝之间的"率"关系，也可看作是研究前后两次一样的生产过程中同种丝的数量关系。从后者的角度看，也就是前后两次同种丝的数量关系"相与成率"，故只需前后单位相同，便可"成率"，一旦成率，便再和单位无关。而从前者的角度看，刘徽指出，这不过是今有术的反复应用，即"重今有"："凡率错互不通者，皆积齐同用之。放此，虽四五转不异也"，也就是下面刘徽注〔叁拾壹〕中的"重今有之义"。

　　【一一】今有恶粟二十斗，舂之，得粝米九斗。今欲求粺米一十斗，问：恶粟几何？答曰：二十四斗六升八十一分升之七十四。

　　术曰：置粝米九斗，以九乘之，为法。亦置粺米十斗，以十乘之，又以恶粟二十斗乘之，为实。实如法得一斗〔叁拾壹〕。

　　〔叁拾壹〕按：此术置今有求粺米十斗，以粝米率十乘之，如粺率九而一，即粺化为粝，又以恶粟率二十乘之，如粝率九而一，即粝亦化为恶粟矣。此亦重今有之义。为术之意犹络丝也。虽各有率，不问中间。故令后实乘前实，后法乘前法，而并除之也。

原文翻译

【11】现有劣粟 20 斗，可舂成粝米 9 斗。如果想得到 10 斗粺米，问：需要劣粟米多少？答：24 斗 6$\frac{74}{81}$升。

算法：粝米斗数 9 乘 9 作为"法"。用粺米斗数 10 乘 10，再乘劣粟 20 斗，作为"实"。以"法"除"实"。

【一二】今有善行者行一百步，不善行者行六十步。今不善行者先行一百步，善行者追之。问：几何步及之？答曰：二百五十步。

术曰：置善行者一百步，减不善行者六十步，余四十步，以为法。以善行者之一百步乘不善行者先行一百步，为实。实如法得一步〔叁拾贰〕。

〔叁拾贰〕按：此术以六十步减一百步，余四十步，即不善行者先行率也；善行者行一百步，追及率。约之，追及率得五，先行率得二。于今有术，不善行者先行一百步为所有数，五为所求率，二为所有率，而今有之，得追及步也。

原文翻译

【12】假设走得快的人每走 100 步，走得慢的人才走 60 步。如果走得慢的人先走 100 步后，走得快的人进行追赶。问：多少步后才能追上？答：250 步。

算法：用走得快的人的 100 步减去走得慢的人的 60 步，得到 40 步作为"法"。用走得快的人的 100 步乘走得慢的人先走的 100 步，作为"实"。以"法"除"实"。

注解

这一题乍看不过是今天小学生都已熟悉的追及问题，但联系刘徽注，再仔细考究，其中尚有乾坤。首先注意到题设中给出的并不是"速度"，而是某个（未知）固定时间内二人的行程。用今天小学课本中的解法，不妨设这个固定时间段为 1。于是走得快的人的速度为 100，慢的人速度为 60，追及时间为 $100 \div (100 - 60) = 2.5$，此时走得快的人的行程为 $100 \times 2.5 = 250$ 步。这个做法的诀窍在于，为了反复使用速度等于路程除以时间的物理关系，（不得不）引入时间变量，即单位时间 1。但是既然题设和结论都只是关于步数，这种做法是否可以避免呢？刘徽的答案是肯定的。其思想的关键是将条件"善行者行一百步，不善行者行六十步"看作一次"试算"（见【9】），在这一次试算中，走得慢的人先走了 40 步，然后走得快的人在走了 100 步的时候追上了他。于是题目转化为，在有一次试算的前提下，进行第二次"类似"的过程，只是这次走得慢的人先走了 100 步，那么走得快的人走多少步能追上他呢？《九章算术》认为这是一个"今有"问题，所以以 40 步为"所有率"，第二次先走的 100 步为"所求率"，第一次追上的 100 步为"所有数"，第二次追及步数为"所求数"。于是用今有术得解。

不过我们还要再来问一个简单的问题，为什么这两个"类似"的过程之间的数量关系可以用今有术"互推"呢，仅仅是因为"事类相推"吗？事实上我们在"衰分"和"均输"卷中，已经反复地遇到了这样一类例题：考虑一个事件（花钱买物、数量分配等等），其中涉及两个或多个数量，知道这个事件某一次发生时其中各个数量的具体值,然后我们可以通过它们来推算事件另一次发生时其中某个数量的值。为什么可以这样做呢?答案确实很简单:用《九章算术》自己的中心思想来回答,这是因为这些数量关系的本质都是"率"!用现代数学语言来说,是因为这些事件涉及的数量关系都是齐次线性关系[1],所以当其中一个数量扩大确定的倍数时,其他数量也必须扩大同样的倍数,这就是今有术的本质。回到对【12】的解释,这里的事件是追及,涉及的数量是先走的步数和追及所需的步数,这两个数量之间"率"的关系,或者说比例关系显然吗? 是的,因为速度等于路程除以时间,当时间确定时,这是一个齐次线性关系。所以《九章算术》和刘徽注对【12】的解法虽然不需要引入时间变量,但也是基于对速度和路程的物理关系的理解之上的。这是数学一些本质上的东西,也是另一个层面上的"事类相推,各有攸归,故枝条虽分而同本干者,发其一端而已"。

在下一卷"盈不足"中,我们会看到非齐次的线性关系。

【一三】今有不善行者先行一十里,善行者追之一百里,先至不善行者二十里。问:善行者几何里及之? 答曰:三十三里少半里。

术曰:置不善行者先行一十里,以善行者先至二十里增之,以为法。以不善行者先行一十里乘善行者一百里,为实。实如法得一里[叁拾叁]。

1　两个数量 x, y 成齐次线性关系,是指存在非零常数 k,使得 $y = kx$。下面提到的非齐次线性关系,是指存在非零常数 b 和 k,使得 $y = kx + b$。

〔叁拾叁〕按：此术不善行者既先行一十里，后不及二十里，并之，得三十里也，谓之先行率。善行者一百里为追及率。约之，先行率得三，三为所有率，而今有之，即得也。其意如上术也。

原文翻译

【13】假设走得慢的人先走 10 里，走得快的人追了 100 里，领先走得慢的人 20 里。问：走得快的人走了多少里追上的？答：$33\frac{1}{3}$ 里。

算法：走得慢的人先行的 10 里加上走得快的人领先的 20 里作为"法"。走得慢的人先行的 10 里乘走得快的人的 100 里，作为"实"。以"法"除"实"，即得追上的里数。

注解

这题和【12】本质相同，题设可转化为：若走得慢的人先走 30 里，走得快的人走 100 里后追上，现在走得慢的人先走 10 里，问多少里能追上。用今有术。

【一四】今有兔先走一百步，犬追之二百五十步，不及三十步而止。问：犬不止，复行几何步及之？答曰：一百七步七分步之一。

术曰：置兔先走一百步，以犬走不及三十步减之，余为法。以不及三十步乘犬追步数为实。实如法得一步〔叁拾肆〕。

〔叁拾肆〕按：此术以不及三十步减先走一百步，余七十步，为兔先走率。犬行二百五十步为追及率。约之，先走率得七，追及率得二十五。于今有术，不及三十步为所有数，二十五为所求率，七为所有率，而今有之，即得也。

原文翻译

【14】假设兔子先跑了100步，狗追了250步，还差30步没追上就停下来了。问：如果狗不停下来一直追，再要多少步可以追上兔子？答：$107\frac{1}{7}$步。

算法：将兔子先跑出的100步减去狗没追上的30步作为"法"，用没追上的30步乘狗追的步数250作为"实"。以"法"除"实"，即得所求步数。

注解

算法同【13】，若兔子先跑70步，则狗用250步可追上。

【一五】今有人持金十二斤出关，关税之，十分而取一。今关取金二斤，偿钱五千。问：金一斤值钱几何？答曰：六千二百五十。

术曰：以一十乘二斤，以十二斤减之，余为法。以一十乘五千，为实。实如法得一钱〔叁拾伍〕。

〔叁拾伍〕按：此术置十二斤，以一乘之，十而一，得一斤五分斤之一，即所当税者也。减二斤，余即关取盈金。以盈除所偿钱，即金值也。今术既以十二斤为所税，则是以十为母，故以十乘二斤及所偿钱,通其率。于今有术,五千钱为所有数,十为所求率,八为所有率,而今有之,即得也。

原文翻译

【15】现在有人带 12 斤黄金出关。关税是 $\frac{1}{10}$。关卡收 2 斤黄金,偿还 5 000 钱。问:1 斤黄金值多少钱? 答:6 250 钱。

　　算法:用 10 乘 2 斤,减去 12 斤后作为"法"。用 10 乘 5 000,作为"实"。以"法"除"实"即得 1 斤黄金值的钱。

注解

　　关税多收了黄金,所以要退回一定的钱,由此来换算黄金和钱的对应比率,是今有术的应用。正常的算法,是用 12 乘 $\frac{1}{10}$,以求得应出税的黄金数。用 2 减去所得结果,得到应偿还的黄金数,再换算成 5 000 钱。这里的算法利用"率"的性质避免了分数计算。

　　【一六】今有客马,日行三百里。客去忘持衣。日已三分之一,主人乃觉。持衣追及,与之而还;至家视日四分之三。问:主人马不休,日行几何? 答曰:七百八十里。

　　术曰:置四分日之三,除三分日之一〔叁拾陆〕,半其余,以为法〔叁拾柒〕。副置法,增三分日之一〔叁拾捌〕。以三百里乘之,为实。实如法,得主人马一日行〔叁拾玖〕。

　　〔叁拾陆〕按:此术置四分日之三,除三分日之一者,除,其减也。减之余,有十二分之五,即是主人追客还用日率也。

〔叁拾柒〕去其还,存其往。率之者,子不可半,故倍母,二十四分之五。是为主人与客均行用日之率也。

〔叁拾捌〕法二十四分之五者,主人往追用日之分也。三分之一者,客去主人未觉之前独行用日之分也。并连此数,得二十四分日之十三,则主人追及前用日之分也。是为客用日率也。然则主人用日率者,客马行率也;客用日率者,主人马行率也。母同则子齐,是为客马行率五,主人马行率十三。于今有术,三百里为所有数,十三为所求率,五为所有率,而今有之,即得也。

〔叁拾玖〕欲知主人追客所行里者,以三百里乘客用日分子十三,以母二十四而一,得一百六十二里半。以此乘客马与主人均行日分母二十四,如客马与主人均行用日分子五而一,亦得主人马一日行七百八十里也。

原文翻译

【16】客人的马一天可以跑 300 里。客人临走忘记带衣服,过了 $\frac{1}{3}$ 天主人才发现。主人追上客人给还衣服后立即返回,到家时发现一天已经过了 $\frac{3}{4}$。问:如果主人的马不休息,一天能跑多少里? 答:780 里。

算法:用 $\frac{3}{4}$ 日,减去 $\frac{1}{3}$ 日。所得结果除以 2,作为"法"。再取"法",加日数 $\frac{1}{3}$。其结果乘 300 里,作为"实"。以"法"除"实"即得主人的马一天能跑的里数。

注解

主人追上客人，此时主人所用时间为 $\frac{1}{2}\left(\frac{3}{4}-\frac{1}{3}\right)$，客人所用时间为 $\frac{1}{2}\left(\frac{3}{4}-\frac{1}{3}\right)+\frac{1}{3}$。后者对应客马速度为日行 300 里，以今有术得主人马日行里数。

【一七】今有金箠，长五尺，斩本一尺，重四斤；斩末一尺，重二斤。问：次一尺各重几何？答曰：末一尺重二斤；次一尺重二斤八两；次一尺重三斤；次一尺重三斤八两；次一尺重四斤。

术曰：令末重减本重，余即差率也。又置本重，以四间乘之，为下第一衰。副置，以差率减之，每尺各自为衰[肆拾]。副置下第一衰，以为法。以本重四斤遍乘列衰，各自为实。实如法得一斤[肆拾壹]。

[肆拾] 按：此术五尺有四间者，有四差也。今本末相减，余即四差之凡数也。以四约之，即得每尺之差。以差数减本重，余即次尺之重也。为术所置，如是而已。今此率以四为母，故令母乘本为衰，通其率也。亦可置末重，以四间乘之，为上第一衰。以差重率加之，为次下衰也。

[肆拾壹] 以下第一衰为法，以本重乘其分母之数，而又反此率乘本重，为实。一乘一除，势无损益，故惟本存焉。众衰相推为率，则其余可知也。亦可副置末衰为法，而以末重二斤乘列衰为实。此虽迂回，然是其旧。故就新而言之也。

原文翻译

【17】设金棰5尺长。截取根部1尺,重4斤;截取头部1尺,重2斤。问:每尺各重多少? 答:头1尺重2斤;接下来1尺重2斤8两;再接下来1尺重3斤;然后是1尺重3斤8两;根部1尺重4斤。

算法:用根部1尺的重量减去头部1尺的重量,所得结果为"差率"。用间隔4乘根部的重量,作为最下一段的分配比数。再逐一减去差率,作为各尺的分配比数,如此即得列衰。取根部一段的分配比数作为"法",用其重量乘4再乘各段的分配比数作为"实",以"法"除"实",即得各段重量。

注解

这一题可以简单理解为等差数列问题。按刘徽注,刘徽理解的原理和我们今天计算等差数列的方法一致,即算得公差为 $\dfrac{本端重-末端重}{间数}$。但这里算法只以本端重减去末端重为"差率",是为了在筹算中避免分数的出现,而之所以能这样做,是因为算法将其作为"率"。此处的"率"应作"标准"解释,按照我们在"粟米"卷中的理解,将标准乘4,即将单位分得更细,为了保持结果一致,那么所有各段的度量都应乘4,这就是算法第二步要将根部的重量乘4的原因。

【一八】今有五人分五钱,令上二人所得与下三人等,问:各得几何? 答曰:甲得一钱六分钱之二。乙得一钱六分钱之一,丙得一钱,丁得六分钱之五。戊得六分钱之四。

术曰:置钱,锥行衰〔肆拾贰〕。并上二人为九,并下三人为六。六少于九,三〔肆拾叁〕。以三均加焉,副并为法。以所分钱乘未并者,各自为实。实如法得一钱[肆拾肆]。

〔肆拾贰〕按:此术锥行者,谓如立锥:初一、次二、次三、次四、次五,各均,为一列者也。

〔肆拾叁〕数不得等,但以五、四、三、二、一为率也。

〔肆拾肆〕此问者,令上二人与下三人等,上、下部差一人,其差三。均加上部,则得二三;均加下部,则得三三。下部犹差一人,差得三,以通于本率,即上、下部等也。于今有术,副并为所有率,未并者各为所求率,五钱为所有数,而今有之,即得等耳。假令七人分七钱,欲令上二人与下五人等,则上、下部差三人。并上部为十三,下部为十五。下多上少,下不足减上。当以上、下部列差而后均减,乃合所问耳。此可仿下术:令上二人分二钱半为上率,令下三人分二钱半为下率。上、下二率以少减多,余为实。置二人、三人,各半之,减五人,余为法。实如法得一钱,即衰相去也。下衰率六分之五者,丁所得钱数也。

原文翻译

【18】现有 5 人按等差数列分 5 钱,要使多的 2 人与少的 3 人得钱相等。问:5 人各分多少钱?答:甲得 $1\frac{2}{6}$ 钱,乙得 $1\frac{1}{6}$ 钱,丙得 1 钱,丁得 $\frac{5}{6}$ 钱,戊得 $\frac{4}{6}$ 钱。

算法:试将钱数以锥形分配比数为列衰,即 5,4,3,2,1。此时上面 2 人的分配比数相加为 9,下面 3 人的分配比数相加为 6。6 比 9 少 3。将列衰中各个分配比数都加 3,所得就是正确的分配比数。使用衰分法:

将各个分配比数相加后作为"法"。用所分的钱数乘各个分配比数，分别作为"实"。以"法"除"实"。

注解

这一题的算法很有意思，体现了在"率"的思想下如何理解等差数列。不妨考虑更一般的情况，假设按等差数列 $(m+n)$ 个人分 X 钱，使得钱多的 n 个人钱数之和与得钱少的 m 个人钱数之和相等，于是 n 必定严格小于 m。按"均输"思想，总分配数已知，只需要确定各人分配比数，即只需确定一个等差的列衰，就可以得到每个人分到的钱数。但是列衰是"率"的推广，可以调整"单位"粗细而不影响分配结果，不妨调整单位使得该列衰的"差率"为 1。此时最简单的等差数列为 $1,2,\cdots,m$，$m+1,\cdots,m+n$，即所谓的锥形衰，先以此试算。考虑 $D=(m+1+\cdots+m+n)-(1+2+\cdots+m)$。若 $D=0$，则锥形衰即为所求列衰，若 $D\neq0$，则需要调整锥形衰。因为该等差数列"差率"已经固定，只能调节其中每一项，即原值加上一个固定值 k。考虑前 n 项 $1,2,\cdots,n$ 和后 n 项 $m+1,\cdots,m+n$，每项加上固定值，两者分别求和后，和的差总是不变。所以要使调整后的后 n 项之和，和前 m 项求之和的差为零，需要将 D 平分到中间的 $n+1,\cdots,m$，这 $m-n$ 项上。也就是说，调整值 k 应该等于 $\dfrac{D}{m-n}$。所以所求列衰为：$1+\dfrac{D}{m-n},2+\dfrac{D}{m-n},\cdots,m+\dfrac{D}{m-n}$，$m+1+\dfrac{D}{m-n},\cdots,m+n+\dfrac{D}{m-n}$。具体到【18】的题设，有 $m=3,n=2$，算得 $D=3,k=3$。于是列衰为 $4,5,6,7,8$。其余为标准的衰分算法。

【一九】今有竹九节，下三节容四升，上四节容三升。问：

中间二节欲均容,各多少? 答曰:下初一升六十六分升之二十九,次一升六十六分升之二十二,次一升六十六分升之一十五,次一升六十六分升之八,次一升六十六分升之一,次六十六分升之六十,次六十六分升之五十三,次六十六分升之四十六,次六十六分升之三十九。

术曰:以下三节分四升为下率,以上四节分三升为上率〔肆拾伍〕。上、下率以少减多,余为实〔肆拾陆〕。置四节、三节,各半之,以减九节,余为法。实如法得一升,即衰相去也〔肆拾柒〕。下率一升少半升者,下第二节容也〔肆拾捌〕。

〔肆拾伍〕此二率者,各其平率也。

〔肆拾陆〕按:此上、下节各分所容为率者,各其平率。上、下以少减多者,余为中间五节半之凡差,故以为实也。

〔肆拾柒〕按:此术法者,上下节所容已定之节,中间相去节数也;实者,中间五节半之凡差也。故实如法而一,则每节之差也。

〔肆拾捌〕一升少半升者,下三节通分四升之平率。平率即为中分节之容也。

原文翻译

【19】假设竹子有9节,下面3节的容积为4升,上面4节的容积为3升。问:如果竹子各节容积均匀递减,每节容积各是多少? 答:下面第1节为$1\frac{29}{66}$升,其次是$1\frac{22}{66}$升,其次是$1\frac{15}{66}$升,其次是$1\frac{8}{66}$升,其次是$1\frac{1}{66}$

升，其次是 $\frac{60}{66}$ 升，其次是 $\frac{53}{66}$ 升，其次是 $\frac{46}{66}$ 升，其次是 $\frac{39}{66}$ 升。

算法：升数 4 除以下面 3 节，作为下率，升数 3 除以上面 3 节，作为上率。上下率相减，差作为"实"。取总节数 9 节，减去上面节数 4 的一半和下面节数 3 的一半，得到的差作为"法"。以"法"除"实"，即得到每两节竹之间的容量差。下面三节的平均数是 $1\frac{1}{3}$ 升，就是下面第 2 节的容积。

注解

此算法说明中国古代对等差数列的一些性质已经非常了解和熟悉了，其中用到了下面几个关于等差数列的事实：

● 奇数项等差数列之和除以项数等于中间项。

● 偶数项等差数列之和除以项数等于中间两项之平均。

● 等差数列公差等于任意两项之差除以该两项项数之差。

● 等差数列公差等于连续两项平均数减去第三项的差除以该连续两项项数平均数减去第三项项数的差。

这一题的做法也可以应用到【18】中。

【二〇】今有凫起南海，七日至北海；雁起北海，九日至南海。今凫、雁俱起，问：何日相逢？答曰：三日十六分日之十五。

术曰：并日数为法，日数相乘为实，实如法得一日[肆拾玖]。

〔肆拾玖〕按：此术置凫七日一至，雁九日一至。齐其至，同其日，定六十三日凫九至，雁七至。今凫、雁俱起而问相逢者，

是为共至。并齐以除同，即得相逢日。故"并日数为法"者，并
齐之意；"日数相乘为实"者，犹以同为实也。一曰：凫飞日行七
分至之一，雁飞日行九分至之一。齐而同之，凫飞定日行六十
三分至之九，雁飞定日行六十三分至之七。是为南北海相去六
十三分，凫日行九分，雁日行七分也。并凫、雁一日所行，以除
南北相去，而得相逢日也。

原文翻译

【20】野鸭从南海起飞，7 天飞到北海；大雁从北海起飞，9 天到达南海。如果野鸭、大雁同时起飞。问：它们几天可以相遇？答：$3\frac{15}{16}$ 天。

算法：将天数相加作为"法"，天数相乘作为"实"，以"法"除"实"，即得相遇天数。

注解

这是典型的相遇问题，将南北海距离称为"1 至"，那么由题设，野鸭 7 天 1 至，大雁 9 天 1 至，问两者同时起飞，多久共同飞完 1 至。接下去刘徽注给出了算法的两种解释，不过基本思路都是"同其日"。第一种解释是考虑 7 和 9 的公倍数 63，那么在 63 天中，野鸭飞 9 至而大雁飞 7 至，共 16 至。用今有术，共飞一至的时间便是 $\frac{63}{16}$ 天。第二种解释是同算 1 天的飞行里程，野鸭为 1 天 $\frac{1}{7}$ 至，大雁为 1 天 $\frac{1}{9}$ 至。于是两者一天共飞 $\frac{1}{7}+\frac{1}{9}$ 至，再除 1，即得相遇天数。其中第二种解释便是今天常用的速度算法。

【二一】今有甲发长安，五日至齐；乙发齐，七日至长安。今乙发已先二日，甲乃发长安，问：几何日相逢？答曰：二日十二分日之一。

术曰：并五日、七日，以为法〔伍拾〕。以乙先发二日减七日〔伍拾壹〕，余，以乘甲日数为实〔伍拾贰〕。实如法得一日〔伍拾叁〕。

〔伍拾〕按：此术并五日、七日为法者，犹并齐为法。置甲五日一至，乙七日一至。齐而同之，定三十五日甲七至，乙五至。并之为十二至者，用三十五日也。谓甲、乙与发之率耳。然则日化为至，当除日，故以为法也。

〔伍拾壹〕减七日者，言甲、乙俱发，今以发为始发之端，于本道里则余分也。

〔伍拾贰〕七者，长安去齐之率也；五者，后发相去之率也。今问后发，故舍七用五。以乘甲五日，为二十五日。言甲七至，乙五至，更相去，用此二十五日也。

〔伍拾叁〕一日甲行五分至之一，乙行七分至之一。齐而同之，甲定日行三十五分至之七，乙定日行三十五分至之五。是为齐去长安三十五分，甲日行七分，乙日行五分也。今乙先行发二日，已行十分，余，相去二十五分。故减乙二日，余，令相乘，为二十五分。

原文翻译

【21】甲从长安出发，5天到达齐地；乙从齐地出发，7天到达长安。现

在乙先出发 2 天,甲才从长安出ｊ发。问:他们几天后相遇? 答: $2\frac{1}{12}$ 天。

算法:将 5 天、7 天相加,作为"法"。将 7 天减去乙先出发的 2 天后乘甲的天数,作为"实",以"法"除"实",即得所求的天数。

注解

此题较上一题的简单相遇问题更进一步,同样可以对算法做两种解释,只不过需要根据乙先行两天的条件,将同时出发所需完成的路程设为 $\frac{5}{7}$ 至。【20】【21】也可以用下一卷的盈不足术计算。

【二二】今有一人一日为牝瓦三十八枚,一人一日为牡瓦七十六枚。今令一人一日作瓦,牝、牡相半,问:成瓦几何? 答曰:二十五枚少半枚。

术曰:并牝、牡为法,牝、牡相乘为实,实如法得一枚[伍拾肆]。

[伍拾肆] 此意亦与凫雁同术。牝、牡瓦相并,犹如凫、雁日飞相并也。按:此术并牝、牡为法者,并齐之意;牝、牡相乘为实者,犹以同为实也。故实如法即得也。

原文翻译

【22】每人每天可以制作牝瓦 38 枚,每人每天可以制作牡瓦 76 枚。现在让 1 个人 1 天制作牝瓦、牡瓦各半。问:制作了多少瓦? 答: $25\frac{1}{3}$ 枚。

算法：每天可制作的牝瓦、牡瓦数相加作为"法"，相乘作为"实"。以"法"除"实"，即得所求瓦的数量。

注解

古代制瓦分为牝瓦和牡瓦，一牝一牡合成一套，可称为一瓦。本题实质上同【20】，若将题设中的"一日"换成"一至"，将一日制作牝瓦枚数看作野鸭飞一至所需的天数，将一日制作牡瓦枚数看作大雁飞一至所需的天数，就转化成了单纯的相遇问题。

【二三】今有一人一日矫矢五十，一人一日羽矢三十，一人一日筈（kuò）矢十五。今令一人一日自矫、羽、筈，问：成矢几何？答曰：八矢少半矢。

术曰：矫矢五十，用徒一人；羽矢五十，用徒一人太半人；筈矢五十，用徒三人少半人。并之，得六人，以为法。以五十矢为实。实如法得一矢〔伍拾伍〕。

〔**伍拾伍**〕按：此术言成矢五十，用徒六人，一日工也。此同工其作，犹凫、雁共至之类，亦以同为实，并齐为法。可令矢互乘一人为齐，矢相乘为同。今先令同于五十矢。矢同则徒齐，其归一也。以此术为凫雁者，当雁飞九日而一至，凫飞九日而一至七分至之二。并之，得二至七分至之二，以为法。以九日为实。实如法而一，得一人日成矢之数也。

原文翻译

【23】每人每天可以矫正箭杆 50 支，或安装箭羽 30 支，或安装箭筈 15 支。现在让 1 个人 1 日自行完成矫正箭杆、安装箭羽和箭筈三道工序。问：能安装多少支箭？答：可以安装 $8\frac{1}{3}$ 支。

算法：矫正 50 支箭杆，用 1 人；安装 50 支箭羽，用 $1\frac{2}{3}$ 人；安装 50 支箭筈，用 $3\frac{1}{3}$ 人。相加后得到 6 人，作为"法"。以 50 支箭作为"实"。以"法"除"实"即得 1 人可安装数量。

注解

这一题的解题思路和【20】相同，不过是将"同其日"换成了"同其生产数"。事实上，如果将"一人"换作"一至"，将安装箭杆、箭羽、箭筈的数量分别换作某三人行"一至"所花的天数，那么本题是用了一种奇特的方式将两人的相遇问题推广到了三人的情形。

【二四】今有假田，初假之岁三亩一钱，明年四亩一钱，后年五亩一钱。凡三岁得一百。问：田几何？答曰：一顷二十七亩四十七分亩之三十一。

术曰：置亩数及钱数。令亩数互乘钱数，并以为法。亩数相乘，又以百钱乘之，为实。实如法得一亩[伍拾陆]。

[伍拾陆] 按：此术令亩互乘钱者，齐其钱；亩数相乘者，同其亩。同于六十，则初假之岁得钱二十，明年得钱十五，后年得钱十二也。凡三岁得钱一百，为所有数，同亩为所求率，四十七

钱为所有率，今有之，即得也。齐其钱，同其亩，亦如凫雁术也。于今有术，百钱为所有数，同亩为所求率，并齐为所有率。

原文翻译

【24】出租农田，第一年每 3 亩得 1 钱；第二年每 4 亩得 1 钱；第三年每 5 亩得 1 钱，三年总共得 100 钱，问：出租了多少农田？答：1 项 $27\frac{31}{47}$ 亩。

算法：筹算，分别列出三年的亩数和钱数，用每年的钱数乘另两年的亩数的乘积后相加作为"法"。亩数相乘，再乘 100 钱，作为"实"。以"法"除"实"即得出租的农田亩数。

注解

按刘徽注解释，此题思路为"同其亩"，取 3,4,5 公倍数 60，则第一年每 60 亩得钱 20，第二年每 60 亩得钱 15，第三年每 60 亩得钱 12。相加即每 60 亩三年共得钱数，然后用今有术，即以 100 钱为所有数，亩 47 钱为所有率，60 为所求率，出租农田亩数为所求数。所以本题也可作为【20】的推广。此题还可视作按田亩年数分配出产，年数低则出产多，从而使用"衰分"卷中的返衰算法，如"衰分"卷【8】。

【二五】今有程耕，一人一日发七亩，一人一日耕三亩，一人一日耰（yōu）种五亩。今令一人一日自发、耕、耰种之，问：治田几何？答曰：一亩一百一十四步七十一分步之六十六。

术曰：置发、耕、耰亩数，令互乘人数，并，以为法。亩数相乘为实。实如法得一亩^{〔伍拾柒〕}。

〔伍拾柒〕 此犹凫雁术也。

原文翻译

【25】按章耕作，每人每天可以开垦 7 亩地，或者耕 3 亩地，或者播种 5 亩地。现在让 1 个人 1 天内自己开垦、耕地、播种，问：可以完成耕作多少土地？ 答：1 亩 114 $\frac{66}{71}$ 步。

算法：列出 1 人开垦、耕地、播种的亩数，以 1 人分别乘两项劳动亩数的乘积之后相加作为"法"。亩数相乘作为"实"。以"法"除"实"，即得所求土地亩数。

注解

此题同【23】【24】。

【二六】今有池，五渠注之。其一渠开之，少半日一满；次，一日一满；次，二日半一满；次，三日一满；次，五日一满。今皆决之，问：几何日满池？ 答曰：七十四分日之十五。

术曰：各置渠一日满池之数，并以为法^{〔伍拾捌〕}。以一日为实，实如法得一日^{〔伍拾玖〕}。

其一术：各置日数及满数^{〔陆拾〕}。令日互相乘满，并以为法。日数相乘为实。实如法得一日^{〔陆拾壹〕}。

〔伍拾捌〕 按：此术其一渠少半日满者，是一日三满也；次一日一满；次二日半满者，是一日五分满之二也；次三日满者，是一日三分满之一也；次五日满者，是一日五分满之一也。并之，得四满十五分满之十四也。

〔伍拾玖〕此犹矫矢之术也。先令同于一日，日同则满齐。自凫雁至此，其为同齐有二术焉，可随率宜也。

〔陆拾〕其一渠少半日满者，是一日三满也；次一日一满；次二日半满者，是五日二满；次三日一满，次五日一满。此谓之列置日数及满数也。

〔陆拾壹〕亦如凫雁术也。按：此其一渠少半日满池者，是一日三满池也；次一日一满；次二日半满者，是五日再满；次三日一满；次五日一满。此谓列置日数于右行，及满数于左行。以日互乘满者，齐其满；日数相乘者，同其日。满齐而日同，故并齐以除同，即得也。

原文翻译

【26】5 条水渠注入水池。只开第一条水渠，$\frac{1}{3}$ 天可以装满；只开第二条水渠，1 天可以装满；只开第三条水渠，$2\frac{1}{2}$ 天可以装满；只开第四条水渠，3 天可以装满；只开第五条水渠，5 天可以装满。现在同时开五条水渠，问：几天可以装满该水池？答：$\frac{15}{74}$ 天。

算法：分别列出每条水渠 1 天装满的水池数，相加后作为"法"。以 1 天作为"实"，相除后即可得到装满该水池的天数。

另一算法：分别列出每条水渠注满 1 水池的天数。用水池数 1 分别乘其他各水渠注满天数的乘积，相加后作为"法"，天数相乘作为"实"，以

"法"除"实"。

注解

同【23】【24】【25】。

【二七】今有人持米出三关，外关三而取一，中关五而取一，内关七而取一，余米五斗。问：本持米几何？答曰：十斗九升八分升之三。

术曰：置米五斗，以所税者三之，五之，七之，为实。以余不税者二、四、六相互乘为法。实如法得一斗〔陆拾贰〕。

〔陆拾贰〕此亦重今有也。所税者，谓今所当税之。定三、五、七皆为所求率，二、四、六皆为所有率。置今有余米五斗，以七乘之，六而一，即内关未税之本米也。又以五乘之，四而一，即中关未税之本米也。又以三乘之，二而一，即外关未税之本米也。今从末求本，不问中间，故令中率转相乘而同之，亦如络丝术。又一术：外关三而取一，则其余本米三分之二也。求外关所税之余，则当置一，二分乘之，三而一。欲知中关，以四乘之，五而一。欲知内关，以六乘之，七而一。凡余分者，乘其母、子：以三、五、七相乘得一百五，为分母；二、四、六相乘，得四十八，为分子。约而言之，则是余米于本所持三十五分之十六也。于今有术，余米五斗为所有数，分母三十五为所求率，分子十六为所有率也。

原文翻译

【27】现有人带米通过 3 个关卡，外关按 $\frac{1}{3}$ 征税，中关按 $\frac{1}{5}$ 征税，内关按 $\frac{1}{7}$ 征税，剩余米 5 斗。问：该人原本带了多少米？答：原本带了 10 斗 9 $\frac{3}{8}$ 升。

算法：用米的数量 5 斗，分别乘征税数 3、5、7 作为"实"。以剩余不征税数 2、4、6 相乘作为"法"。以"法"除"实"即得原本带米的数量。

注解

此算法可以看作连续应用多次今有术。过外关前米率为 3，过外关后米率为 2；过中关前后米率为 $\frac{5}{4}$，过内关前后米率为 $\frac{7}{6}$。本题和【10】本质上相同。

【二八】今有人持金出五关，前关二而税一，次关三而税一，次关四而税一，次关五而税一，次关六而税一。并五关所税，适重一斤。问：本持金几何？答曰：一斤三两四铢五分铢之四。

术曰：置一斤，通所税者以乘之，为实。亦通其不税者，以减所通，余为法。实如法得一斤[陆拾叁]。

〔陆拾叁〕此意犹上术也。"置一斤，通所税者"，谓令二、三、四、五、六相乘，为分母，七百二十也。"通其所不税者"，谓令所税之余一、二、三、四、五相乘，为分子，一百二十也。约而言之,是为余金于本所持六分之一也。以子减母,凡五关所税六分之五也。于今有术,所税一斤为所有数,分母六为所求率,分子五为所有率。此亦重今有之义。又虽各有率,不问中间,故令中率转相乘而连除之,即得也。置一以为持金之本率,以税率乘之、除之,则其率亦成积分也。

原文翻译

【28】有人带黄金过 5 道关卡,第 1 道关卡按 $\frac{1}{2}$ 征税,第 2 道关卡按 $\frac{1}{3}$ 征税,第 3 道关卡按 $\frac{1}{4}$ 征税,第 4 道关卡按 $\frac{1}{5}$ 征税,第 5 道关卡按 $\frac{1}{6}$ 征税。5 道关卡征税总额恰好为黄金 1 斤。问:该人原本带了多少黄金?

答:1 斤 3 两 4 $\frac{4}{5}$ 铢。

算法:若税率为 $\frac{1}{n}$,则过关前后黄金比值为 $\frac{n}{n-1}$,称 n 为"所税者",$n-1$ 为"不税者"。黄金取 1 斤,"所税者",即税率分母 2,3,4,5,6 连乘得 720,作为"实"。令"不税者",即 1,2,3,4,5 相乘。用 720 减去其结果作为"法"。以"法"除"实"即得原有黄金数。

注解

本题本质上同【27】,先求过 5 关后所剩黄金与过 5 关前黄金数的比率,两者相减得所交税的率。然后用今有术。【27】【28】亦可以用下一卷的盈不足术计算,感兴趣的读者可以在阅读"盈不足"卷后再回到这里。

卷七　盈不足

盈　不　足[壹]

[壹] 以御隐杂互见。

注解

"盈不足"一卷,用来处理所求量隐蔽在其他数量关系中的问题。

【一】今有共买物,人出八,盈三;人出七,不足四。问:人数、物价各几何? 答曰:七人,物价五十三。

【二】今有共买鸡,人出九,盈一十一;人出六,不足十六。问:人数、鸡价各几何? 答曰:九人,鸡价七十。

【三】今有共买琎(jìn),人出半,盈四;人出少半,不足三。问:人数、琎价各几何? 答曰:四十二人,琎价十七[贰]。

【四】今有共买牛,七家共出一百九十,不足三百三十;九家共出二百七十,盈三十。问:家数、牛价各几何? 答曰:一百二十六家,牛价三千七百五十〔叁〕。

盈不足〔肆〕术曰:置所出率,盈、不足各居其下。令维乘所出率,并以为实。并盈、不足为法。实如法而一〔伍〕。有分者,通之〔陆〕。盈不足相与同其买物者,置所出率,以少减多,余以约法、实。实为物价,法为人数〔柒〕。

其一术曰:并盈、不足为实。以所出率以少减多,余为法。实如法得一人。以所出率乘之,减盈、增不足即物价〔捌〕。

〔贰〕注云若两设有分者,齐其子,同其母,此问两设俱见零分,故齐其子,同其母。又云"令下维乘上。讫,以同约之",不可约,故以乘,同之。

〔叁〕按:此术并盈不足者,为众家之差,故以为实。置所出率,各以家数除之,各得一家所出率。以少减多者,得一家之差。以除,即家数。以出率乘之,减盈,故得牛价也。

〔肆〕按:盈者,谓朓(tiǎo);不足者,谓之朒(nǜ)。

〔伍〕所出率谓之假令。盈、朒维乘两设者,欲为同齐之意。据"共买物,人出八,盈三;人出七,不足四",齐其假令,同其盈、朒,盈、朒俱十二。通计齐则不盈不朒之正数,故可并之为实,并盈、不足为法。齐之三十二者,是四假令,有盈十二;齐之二十一者,是三假令,亦朒十二;并七假令合为一实,故并三、四为法。

〔陆〕若两设有分者,齐其子,同其母。令下维乘上,讫,以同约之。

〔柒〕所出率以少减多者,余,谓之设差,以为少设。则并盈、朒,是为定实。故以少设约定实,则为人数;约适足之实故为物价。盈朒当与少设相通。不可遍约,亦当分母乘,设差为约法、实。

〔捌〕此术意谓盈不足为众人之差。以所出率以少减多,余为一人之差。以一人之差约众人之差,故得人数也。

原文翻译

【1】现有几人合伙买物,若每人出 8 钱,则多 3 钱;若每人出 7 钱,则差 4 钱。问:人数、物品价格各是多少? 答:7 人,物价为 53 钱。

【2】现有几人合伙买鸡,若每人出 9 钱,则多 11 钱;若每人出 6 钱,则差 16 钱。问:人数、鸡的价格各是多少? 答:9 人,鸡价为 70 钱。

【3】现有几人合伙买琏石,若每人出 $\frac{1}{2}$ 钱,则多 4 钱;若每人出 $\frac{1}{3}$ 钱,则差 3 钱。问:人数、琏石的价格各是多少? 答:42 人,琏石价格为 17 钱。

【4】现有几户人家合伙买牛,若每 7 户出 190 钱,则差 330 钱;若每 9 户出 270 钱,则多 30 钱。问:有多少户人家? 牛的价格是多少? 答:126 户,牛价为 3 750 钱。

盈不足术: 筹算,列出所出率,在其下方分别列出盈、不足之数。将它们与所出率交叉相乘,相加之和作为"实"。将盈、不足之数相加作为"法"。以"法"除"实"。如果有分数,通分计算。所得到的就是一物每人应出的钱数。用盈不足术来处理共同买物的问题,那么就列出所出率,多的减去少的,用所得之差分别去除"法"和"实",前者得到人数,后者得到物品价格。

　　另一种算法：将盈、不足之数相加（刘徽称为盈、朒），作为"实"，是两次总出钱数之差；所出率（刘徽称为"假令"）相减（刘徽称为"设差"），作为"法"，是两次每个人出钱数之差。以"法"除"实"，自然得到人数。得到总人数后，用任意一次每人出钱数乘人数，再减去"盈"或加上"朒"，就得物品价格。

注解

　　算法中所谓的所出率是指由题设所得的每人、每户等所付出的那部分，如【1】中的 8 钱、7 钱。所出率乘人数或户数，若得到的出钱数多于实际价格，则多出的部分称为"盈"；若少于实际价格，则不够的部分称为"不足"。

　　用今天的眼光看，"盈不足术"的本质是用两点插值法来确定未知的线性数量关系，在西方称为"双假设法"。不少学者认为西方的"双假设法"传自阿拉伯，实际上阿拉伯世界的算法又传自中国。可惜的是，"盈不足术"到明清几乎失传，直到近现代才又重新得到普遍的重视。

　　"盈不足"问题如今已成为中小学教材中的经典案例，常用来说明二元一次方程组的解题威力。《九章算术》给出的两种算法中，第二种较容易理解，其思路也比较直接。而第一种算法因为给出的公式恰好和解某些二元一次方程组所给出的公式一致，所以引起了更多的关注。但是只要深究刘徽的注释，就可以发现其中所应用的是"率"的齐同原理，和列二元一次方程组的直接解法大不相同。以【1】为例：两次出钱，一次"盈"而一次"不足"，是因为两次"假令"都不符合每人应出的钱数，一次多而一次少的缘故。注意到"假令"乃是"所出率"，也就是每人的出钱数，它们都是"率"，即以钱数除以"1 人"，因此它们的分母相同，可以相加，所得是两人出钱总和。假设"盈"和"不足"数相等，那么相加恰好抵消，此时两人所出总钱数应该刚好等于不多不少的两次应出钱数,所以"假令"求和除以 2 即得到一人应出钱数。现在按【1】中题设,"盈"与"不足"不同,因此相加无法抵消。所幸"假令"是"率",可按比例增减。所以对"人出八,盈三"整体乘 4,得到 4 人共出 32,盈 12;对"人出七,不足四"整体乘 3,得到 3 人共出 21,不足 12。此时盈、不足相等(同),可以相加抵消,得到 7 人共出 53,刚好为 7 人应出钱数(齐)。此时 53 为"实",7 为"法",53 除以 7 得到每人应出钱数。即有:

$$每人应出钱数 = \frac{实}{法}。$$

注意到这里的法即是"盈朒之和",所以由算法二的第一部分,可知用"法"约去"设差"即为人数。而每人应出钱数是"实"与"法"的率,所以可以对上式分子分母同时约去"设差"。即有:

$$每人应出钱数 = \frac{\dfrac{实}{设差}}{\dfrac{法}{设差}} = \frac{实}{人数}。$$

于是

$$\frac{实}{设差} = 每人应出钱数 \times 人数 = 物品价格。$$

用筹算,则如图 7 - 1 所示。

人数	1	1
出钱数	8	7
盈/不足	盈 3	朒 4

维乘 →

人数	4	3
出钱数	32	21
盈/不足	盈 12	朒 12

求和 →

人数	7
出钱数	53
盈/不足	0

图 7 - 1

今天的读者在看到盈不足问题时,也许会自然而然地想到"方程",我们会在"方程"卷中看到现代西方数学中的"方程"和《九章算术》中方程的差别。但读者在阅读"方程"卷后,可能也会思考是否有可能利用《九章算术》中的方程思想来解盈不足问题。这很自然,因为从筹算算法的形式上看,这里最下方消去盈、不足数的做法和"方程"卷【18】中"方程新术"消去筹算最下方"实"的做法一脉相承;而从现代代数算法的角度看,"盈不足"和"方程"两卷都可以归结为解线性方程组。有兴趣的读者可以作深入的思考。

【五】今有共买金,人出四百,盈三千四百;人出三百,盈一百。问:人数、金价各几何? 答曰:三十三人,金价九千八百。

【六】今有共买羊,人出五,不足四十五;人出七,不足三。问:人数、羊价各几何? 答曰:二十一人,羊价一百五十。

两盈、两不足术曰:置所出率,盈、不足各居其下。令维乘所出率,以少减多,余为实。两盈、两不足以少减多,余为法。实如法而一。有分者通之。两盈、两不足相与同其买物者,置所出率,以少减多,余,以约法、实。实为物价,法为人数[玖]。

其一术曰:置所出率,以少减多,余为法。两盈、两不足以少减多,余为实。实如法而一得人数。以所出率乘之,减盈、增不足,即物价[壹拾]。

〔玖〕按:此术两不足者,两设皆不足于正数。其所以变化,犹两盈。而或有势同而情违者。当其为实,俱令不足维乘相减,则遗其所不足焉。故其余所以为实者,无朒数以损焉。盖出而有余,两盈。两设皆逾于正数。假令与共买物,人出八,盈三;人出九,盈十。齐其假令,同其两盈。两盈俱三十。举齐则兼去。其余所以为实者,无盈数。两盈以少减多,余为法。齐之八十者,是十假令;而凡盈三十者,是十,以三之;齐之二十七者,是三假令;而凡盈三十者,是三,以十之。今假令两盈共十、三,以二十七减八十,余五十三,为一实。故令以三减十,余七为法。所出率以少减多,余谓之设差。因设差为少设,则两盈之差是为定实。故以少设约法得人数,约实即得物价。

〔壹拾〕置所出率,以少减多,得一人之差。两盈、两不足相减,为众人之差。故以一人之差除之,得人数。以所出率乘之,减盈、增不足,即物价。

原文翻译

【5】现有几人合伙买金子,若每人出 400 钱,则多 3 400 钱;若每人出 300 钱,则多 100 钱。问:人数、金子的价格各是多少? 答:33 人,金价为 9 800 钱。

【6】现有几人合伙买羊,若每人出 5 钱,则差 45 钱;若每人出 7 钱,则差 3 钱。问:人数、羊的价格各是多少? 答:21 人,羊价为 150 钱。

两盈、两不足算法:筹算,列出所出率,在其下方分别列出两盈或两不足之数。将它们与所出率交叉相乘,多的减去少的,所得之差作为"实"。两盈或两不足之数,多的减去少的,所得之差作为"法"。以"法"除"实"。如果有分数,通分计算。如果共同买物时出现两盈或两不足问题,那么就列出所出率,多的减去少的,用所得之差分别去除"法"和

"实"，前者得到人数，后者得到物品价格。

另一种算法：列出所出率，多的减去少的，作为"法"。两盈或两不足之数，多的减去少的，作为"实"。以"法"除"实"，得到人数。用人数乘所出率，减去相应的盈之数或增加相应的不足之数，即得物品价格。

注解

当两次"假令"都有"盈"或者都有"不足"的情况时，将两次试算的结果相加无法消去"盈"或"不足"，但两次试算求齐之后相减恰可以做到。这就是刘徽所说的"齐其假令，同其两盈……举齐则兼去"。算法的其他部分和【1】—【4】的算法相同。

【七】今有共买豕，人出一百，盈一百；人出九十，适足。问：人数、豕价各几何？答曰：一十人，豕价九百。

【八】今有共买犬，人出五，不足九十；人出五十，适足。问：人数、犬价各几何？答曰：二人，犬价一百。

盈、适足，不足、适足术曰：以盈及不足之数为实。置所出率，以少减多，余为法。实如法得一人。其求物价者，以适足乘人数，得物价〔壹拾壹〕。

〔壹拾壹〕此术意谓以所出率，以少减多者，余是一人不足之差。不足数为众人之差。以一人差约之，故得人之数也。以盈及不足数为实者，数单见，即众人差，故以为实。所出率以少减多，即一人差，故以为法。以除众人差，得人数。以适足乘人数，即得物价也。

原文翻译

【7】现有几人合伙买猪,若每人出 100 钱,则多 100 钱;若每人出 90 钱,则刚好够。问:人数、猪的价格各是多少? 答:11 人,猪价为 900 钱。

【8】现有几人合伙买狗,若每人出 5 钱,则差 90 钱;若每人出 50 钱,则刚好够。问:人数、狗的价格各是多少? 答:2 人,狗价为 100 钱。

盈、适足,不足、适足算法:以盈之数或不足之数作为"实"。列出所出率,多的减去少的,所得之差作为"法"。以"法"除"实",就得到人数。若要求物品的价格,则用刚好够的钱数去乘人数,即得。

注解

【5】【6】两题分别说明的是两次试算得两盈、两不足的算法,【7】【8】两题分别说明的是两次试算得盈、适足,不足、适足的算法,其本质与盈、不足算法是完全一样的。下一卷"方程"【3】"正负算法"中有用红筹和黑筹分别代表加减相对的做法。按此思路,如果将筹算中的"盈"数取红筹,"朒"数取黑筹,适足取空,那么利用"方程"卷中定义的正负数算法,上述三种盈、不足情况所对应的三个算法就完全统一了。感兴趣的读者可自行论证。

【九】今有米在十斗桶中,不知其数。满中添粟而舂之,得米七斗。问:故米几何? 答曰:二斗五升。

术曰:以盈不足术求之。假令故米二斗,不足二升;令之三斗,有余二升〔壹拾贰〕。

〔壹拾贰〕按:桶受一斛。若使故米二斗,须添粟八斗以满之。八斗得粝米四斗八升,课于七斗,是为不足二升。若使故米三斗，须添粟七斗以满之。七斗得粝米四斗二升，课于七斗，是为有余二升。以盈、不足维乘假令之数者，欲为齐同之意。为齐同者，齐其假令，同其盈朒。通计齐即不盈不朒之正数，故可以并之为实，并盈、不足为法。实如法，即得故米斗数，乃不盈不朒之正数也。

原文翻译

【9】一个容量为 10 斗的桶中装有一些糙米，糙米的数量未知。在桶中添满粟，一起春成了 7 斗糙米。问：原有多少糙米？答：2 斗 5 升。

算法：利用盈不足术求解。假设原有糙米 2 斗，则差 2 升；假设原有糙米 3 斗，则多出 2 升。

注解

本题代表了盈不足术的常用情境之一。桶中原有糙米数目无法直接测量或计算，于是想到加满粟后再一起春成糙米，希望通过测量产出的结果来计算桶中原有的糙米数。按"粟米"卷，其中所添加的粟被春成糙米的产出比是 5∶3，而桶中原有糙米数量和经过加粟等一系列操作之后产出的糙米数量之间的数量关系尚不明确，是所谓"隐杂互见"，于是《九章算术》用盈不足术求之。假设原有糙米 2 斗，则又添了 8 斗粟，春成糙米 4 斗 8 升，共 6 斗 8 升，较题设 7 斗少 2 升；假设原有糙米 3 斗，同理计算较题设多出 2 升。之后照搬盈不足术的公式即可。为了使用"盈不足术"，在解题中做出了两次本不在题设中的假设。"盈不足术"的应用大都有此特点，所以在西方被称为"双假设法"，甚为贴切。

但是深究会发现，问题并没有那么简单。关键在于，为什么在这里可以使用盈不足术？仅仅是因为两次假设所得结果有"盈"有"不足"吗？和买物问题进行比较，彼处的所出率、人数和物价都很难在这里找到直接的对应。所以我们只能尝试直接用买物问题中盈不足术的逻辑来解释这里的做法。一般情况下问题转化为：若桶中原有糙米 x_1 斗，则产出不足 y_1 斗；若原有糙米 x_2 斗，则产出多出 y_2 斗。同样维乘使盈、朒相同，即有 y_2 个桶，每个桶中原有糙米 x_1 斗，产出总计不足 $y_1 y_2$ 斗，另有 y_1 个桶，每个桶中原有糙米 x_2 斗，产出总计超出 $y_1 y_2$ 斗。所以，y_2 个装糙米 x_1 斗的桶，加上 y_1 个装糙米 x_2 斗的桶，所产出等于 $(y_1 + y_2)$ 个装有所求数量的糙米的桶的产出量。问题来了，这样能保证两种情形下桶中所有的糙米总数相等吗？即是否一定有

$$(y_1 + y_2) \times 原装糙米数 = x_1 y_2 + y_1 x_2 \qquad ①$$

吗？这并不是显然的！要确定这一关系是否成立，我们必须考察桶中原有糙米数量和一系列操作之后产出的糙米数量之间的数量关系，而不能只因为"隐杂互见"就贸然通融。回头看盈不足术的肇始如买物问题，其中每人出钱数和总出钱数满足显然的线性关系，即

$$总出钱数 = 每人出钱数 \times 人数。$$

所以在买物问题中，如①式的关系成立。那么如【9】，产出糙米数和桶中原有糙米数满足线性关系吗？假设桶中全是粟，那么会舂出糙米 6 斗，因此原来桶中每有 1 斗糙米，最后舂得的糙米量就会比 6 斗多出 $\frac{2}{5}$ 斗。所以

$$产出米数 = \frac{2}{5} \times 原有糙米数 + 6。$$

这是一个（非齐次）线性关系，因此①式成立。所以本题可以使用盈不足

术得到精确解!

　　那么《九章算术》的作者和刘徽是否意识到了这一点呢? 不确定。只从"盈不足"一卷本身来看,他们很可能意识到了处理线性关系可以使用盈不足术;从对下面【11】【12】【19】的处理来看,他们有一定的可能已经通过实践发现了对有些(非线性)的关系使用盈不足术必须选择恰当的假设;但是他们很可能并没有能够总结出:只有线性关系才可以通过任意两次假设使用盈不足术,或者说盈不足术给出的就是一个线性关系。仍以【9】为例,我们用现代数学的记号来说明。设桶中原有糙米数为 x,经过一系列操作后产出的糙米数为 $y+7$,它们的数量关系为 $y=f(x)$,那么①式的问题可以表述为:若对 $i=1,2$,

$$y_i = f(x_i), y_1 f(x_2) + y_2 f(x_1) = (y_1 + y_2) f(x),$$

则是否成立

$$y_1 x_2 + y_2 x_1 = (y_1 + y_2) x?$$

容易说明,若此问题对任意 x 都成立,那么 y 与 x 的数量关系必有形式 $y = f(x) = ax + b$,其中 a、b 为常数,满足:

$$a = \frac{y_1 - y_2}{x_1 - x_2}, \ b = \frac{x_1 y_2 - x_2 y_1}{x_1 - x_2},$$

有兴趣的读者可以自行证明。所以用现代函数的语言来说,【9】的问题本质是:已知线性函数

$$y = f(x) = ax + b$$

过两点 (x_1, y_1),(x_2, y_2),求该线性函数和函数的零点。所以盈不足术的本质是用两点法求线性函数关系。

【一〇】今有垣高九尺。瓜生其上，蔓日长七寸；瓠（hù）生其下，蔓日长一尺。问：几何日相逢，瓜、瓠各长几何？答曰：五日十七分日之五。瓜长三尺七寸一十七分寸之一，瓠长五尺二寸一十七分寸之一十六。

术曰：假令五日，不足五寸；令之六日，有余一尺二寸〔壹拾叁〕。

〔**壹拾叁**〕按：假令五日，不足五寸者，瓜生五日，下垂蔓三尺五寸；瓠生五日，上延蔓五尺。课于九尺之垣，是为不足五寸。令之六日，有余一尺二寸者，若使瓜生六日，下垂蔓四尺二寸；瓠生六日，上延蔓六尺。课于九尺之垣，是为有余一尺二寸。以盈、不足维乘假令之数者，欲为齐同之意。齐其假令，同其盈朒。通计齐即不盈不朒之正数，故可并以为实，并盈、不足为法。实如法而一，即设差不盈不朒之正数，即得日数。以瓜、瓠一日之长乘之，故各得其长之数也。

原文翻译

【10】一堵墙高 9 尺。瓜长在墙的上端，瓜蔓每天向下生长 7 寸；瓠长在墙根，瓠蔓每天向上生长 1 尺。问：经过多少天两蔓相遇？相遇时，两蔓各有多长？答：$5\frac{5}{17}$ 天。瓜蔓长 3 尺 7$\frac{1}{17}$ 寸，瓠蔓长 5 尺 2$\frac{16}{17}$ 寸。

算法：做两次试算。每天瓜、瓠的藤蔓共长 1 尺 7 寸，试算 5 天相遇，则差墙高 5 寸；试算 6 天相遇，则多出墙高 1 尺 2 寸。

注解

　　容易验证,瓜、瓠藤蔓的总长度和墙高的差与生长的天数是线性关系,由【9】的讨论,可以用盈不足术求解。

　　【一一】今有蒲生一日,长三尺;莞生一日,长一尺。蒲生日自半,莞生日自倍。问:几何日而长等? 答曰:二日十三分日之六。各长四尺八寸一十三分寸之六。

　　术曰: 假令二日,不足一尺五寸;令之三日,有余一尺七寸半[壹拾肆]。

　　[**壹拾肆**] 按:假令二日,不足一尺五寸者,蒲生二日,长四尺五寸;莞生二日,长三尺;是为未相及一尺五寸,故曰不足。令之三日,有余一尺七寸半者,蒲增前七寸半,莞增前四尺,是为过一尺七寸半,故曰有余。以盈不足乘除之。又以后一日所长各乘日分子,如日分母而一者,各得日分子之长也。故各增二日定长,即得其数。

原文翻译

　　【11】现有蒲、莞两种植物。第一天,蒲长 3 尺,莞长 1 尺。接下来,蒲每天生长的速度是前一天的一半,莞每天生长的速度是前一天的 2 倍。问:经过多少天它们的长度相等? 答:$2\frac{6}{13}$ 天,各长 4 尺 $8\frac{6}{13}$ 寸。

　　算法: 用盈不足术求解,做两次试算。试算 2 天,此时蒲长 $3+\frac{3}{2}=\frac{9}{2}$ 尺,莞长 $1+2=3$ 尺,蒲长多于莞长 1 尺 5 寸;试算 3 天,此时蒲长

$3 + \dfrac{3}{2} + \dfrac{3}{4} = \dfrac{21}{4}$ 尺，莞长 $1 + 2 + 4 = 7$ 尺，蒲长少于莞长 1 尺 $7\dfrac{1}{2}$ 寸。用盈不足术的公式，得：

$$\text{等长天数} = \dfrac{\dfrac{3}{2} \times 3 + \dfrac{7}{4} \times 2}{\dfrac{3}{2} + \dfrac{7}{4}} = 2\dfrac{6}{13}。$$

注解

让我们接着【9】中关于盈不足术和线性关系（函数）的讨论继续。因为蒲长"日自半"、莞长"日自倍"，所以蒲长与莞长的差和天数并不是线性关系。若用现代数学记号验证，设蒲长减莞长的尺数为天数的函数 $y = f(x)$，则易得

$$f(x) = 3\,\dfrac{1 - \left(\dfrac{1}{2}\right)^x}{1 - \dfrac{1}{2}} - \dfrac{1 - 2^x}{1 - 2} = 7 - \dfrac{6}{2^x} - 2^x, \qquad ②$$

其中 $x > 0$。这显然不是一个线性关系。令 $f(x) = 0$，解得 $x = \log_2 6$。比较两个解答，用盈不足术所得的解和利用等比数列求和公式所得的解比较接近，如图 7-2 所示。这是因为，盈不足术事实上给出了一个线性关系（函数）

$$y = l(x) = -\dfrac{13}{4}x + 8,$$

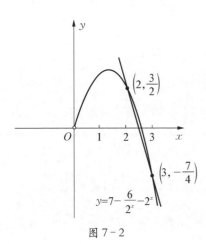

图 7-2

它的图像是过函数 $y = f(x)$ 图像上两

点 $\left(2,\dfrac{3}{2}\right)$ 和 $\left(3,-\dfrac{7}{4}\right)$ 的直线。所以在区间 $[2,3]$ 上 $l(x)$ 是 $f(x)$ 的割线近似。

但是，如果我们将"日"看作能度量蒲、莞生长的最小单位，从而假设蒲、莞在每一天中是匀速生长的，那么由上面的计算，2 天后蒲尚比莞长 1 尺 5 寸，之后的第 3 天，蒲将匀速生长 $\dfrac{3}{4}$ 尺而莞将匀速生长 4 尺，所以

在第三天的 $\dfrac{\dfrac{3}{2}}{4-\dfrac{3}{4}}=\dfrac{6}{13}$ 天时，两者同样长，这和利用盈不足术解得的答案

相同。这是为什么呢？因为假设蒲、莞在每一天中匀速生长，那么蒲长减莞长的尺数和天数只有在整数点时才满足函数关系式②，而在任意两个整点间，其关系的图像是连接函数②的图像在这两个整数上所取点的线段，如图 7-3 所示。再仔细考察【9】中的讨论和图 7-2，盈不足术在两个插值之间的区间上给出函数关系的一个割

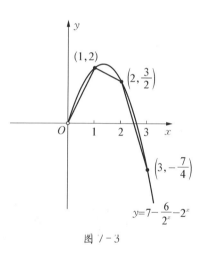

图 7-3

线线性近似，在这里，即是给出了连接 $\left(2,\dfrac{3}{2}\right)$ 和 $\left(3,-\dfrac{7}{4}\right)$ 的线段。所以在区间 $[2,3]$ 上，蒲长减莞长的尺数和时间的线性关系和由盈不足术所给出的关系恰好一致，所以此时《九章算术》给出的是正确解。

但是，哪怕假设了蒲、莞在同日中匀速生长，因为蒲长减莞长的尺数和天数整体不满足线性关系，所以要获得正确的零点，两次假设必须取值在该零点两侧的整点上。假如我们改第一次试算为 1 天，那么此时不

足为 2 尺。用盈不足术解得天数为 $\dfrac{1\times\frac{7}{4}+2\times 3}{2+\frac{7}{4}}=2\frac{1}{15}$，这和正确的解

差得很远，如图 7 - 4。

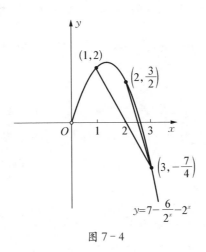

图 7 - 4

【一二】[1]今有垣厚五尺，两鼠对穿。大鼠日一尺，小鼠亦日一尺。大鼠日自倍，小鼠日自半。问：几何日相逢？各穿几何？答曰：二日一十七分日之二。大鼠穿三尺四寸十七分寸之一十二，小鼠穿一尺五寸十七分寸之五。

术曰： 假令二日，不足五寸；令之三日，有余三尺七寸半[壹拾伍]。

〔壹拾伍〕大鼠日倍，二日合穿三尺；小鼠日自半，合穿一

––––––––––––

1 这一题在不同版本的《九章算术》中位置不同，本书采用李继闵《九章算术导读和译注》中的题序。

尺五寸；并大鼠所穿，合四尺五寸。课于垣厚五尺，是为不足
五寸。令之三日，大鼠穿得七尺，小鼠穿得一尺七寸半。并之，
以减垣厚五尺，有余三尺七寸半。以盈不足术求之，即得。以
后一日所穿乘日分子，如日分母而一，即各得日分子之中所穿。
故各增二日定穿，即合所问也。

原文翻译

【12】现有一堵墙厚 5 尺，大小两只老鼠相对打洞穿墙。第一天大鼠穿墙 1 尺，小鼠也穿墙 1 尺。接下来大鼠每天穿墙速度加倍，小鼠每天穿墙速度减半。问：经过多少天大小鼠相遇？它们各自穿墙的厚度是多少？答：$2\frac{2}{17}$ 天。大鼠穿墙 3 尺 $4\frac{12}{17}$ 寸，小鼠穿墙 1 尺 $5\frac{5}{17}$ 寸。

算法：用盈不足术求解，做两次试算。试算 2 天，则大鼠穿墙 $1 + 2 = 3$ 尺，小鼠穿墙 $1 + \frac{1}{2} = \frac{3}{2}$ 尺，离相遇还差 5 寸；试算 3 天，则大鼠穿墙 $1 + 2 + 4 = 7$ 尺，小鼠穿墙 $1 + \frac{1}{2} + \frac{1}{4} = \frac{7}{4}$ 尺，则相遇又多出 3 尺 $7\frac{1}{2}$ 寸。仍用盈不足公式，即得天数 $2\frac{2}{17}$。

注解

【12】和【11】一样，处理的都不是线性关系，所以若不假设两鼠在同一天中的穿墙速度为匀速，那么用盈不足术得到的只是近似值而非精确解。

【一三】今有醇酒一斗，直钱五十；行酒一斗，直钱一十。今

将钱三十,得酒二斗。问:醇、行酒各得几何?答曰:醇酒二升
半,行酒一斗七升半。

术曰:假令醇酒五升,行酒一斗五升,有余一十;令之醇酒
二升,行酒一斗八升,不足二〔壹拾陆〕。

〔**壹拾陆**〕据醇酒五升,直钱二十五;行酒一斗五升,直钱一
十五;课于三十,是为有余十。据醇酒二升,直钱一十;行酒一
斗八升,直钱一十八;课于三十,是为不足二。以盈不足术求
之。此问已有重设及其齐同之意也。

原文翻译

【13】醇酒 1 斗值 50 钱;劣酒 1 斗值 10 钱。现总共支付 30 钱,得酒
2 斗。问:得到醇酒、劣酒各多少?答:醇酒 $2\frac{1}{2}$ 升,劣酒 1 斗 $7\frac{1}{2}$ 升。

算法:假设得到醇酒 5 升,劣酒 1 斗 5 升,则多出 10 钱;假设得到醇
酒 2 升,劣酒 1 斗 8 升,则差 2 钱。用盈不足公式即得。

注解

这一题本质上与【9】相同,醇酒相当于糙米,而劣酒相当于粟,处理
的是线性问题,所以可以用盈不足术求解,做两次假设。

【一四】今有大器五,小器一,容三斛;大器一,小器五,容二
斛。问:大、小器各容几何?答曰:大器容二十四分斛之十三。
小器容二十四分斛之七。

术曰： 假令大器五斗，小器亦五斗，盈一十斗；令之大器五斗五升，小器二斗五升，不足二斗[壹拾柒]。

〔**壹拾柒**〕按：大器容五斗，大器五容二斛五斗。以减三斛，余五斗，即小器一所容。故曰"小器亦五斗"。小器五，容二斛五斗，大器一，合为三斛。课于两斛，乃多十斗。令之大器五斗五升，大器五，合容二斛七斗五升。以减三斛，余二斗五升，即小器一所容。故曰"小器二斗五升"。大器一容五斗五升，小器五合容一斛二斗五升，合为一斛八斗。课于二斛，少二斗。故曰"不足二斗"。以盈不足维乘，除之。

原文翻译

【14】现有大小两种容器。5 个大容器和 1 个小容器的总容积为 3 斛；1 个大容器和 5 个小容器的总容积为 2 斛。问：大、小容器的容积各是多少？ 答：大容器的容积为 $\frac{13}{24}$ 斛，小容器的容积为 $\frac{7}{24}$ 斛。

算法： 假设大容器的容积为 5 斗，那么根据第一个条件，小容器的容积也是 5 斗，按第二个条件计算，就多出 10 斗；类似地，假设大容器的容积为 5 斗 5 升，那么小容器的容积为 2 斗 5 升，则按第二个条件计算就差了 2 斗。

注解

这里考虑的是大容器的容积和 1 个大容器加 5 个小容器的容积关系，这是一个线性关系，所以可以用盈不足术求解。

【一五】今有漆三得油四，油四和漆五。今有漆三斗，欲令分以易油，还自和余漆。问：出漆、得油、和漆各几何？答曰：出漆一斗一升四分升之一，得油一斗五升，和漆一斗八升四分升之三。

术曰： 假令出漆九升，不足六升；令之出漆一斗二升，有余二升〔壹拾捌〕。

〔壹拾捌〕按：此术三斗之漆，出九升，得油一斗二升，可和漆一斗五升，余有二斗一升，则六升无油可和，故曰"不足六升"。令之出漆一斗二升，则易得油一斗六升，可和漆二斗。于三斗之中已出一斗二升，余有一斗八升。见在油合和得漆二斗，则是有余二升。以盈、不足维乘之为实。并盈、不足为法。实如法而一，得出漆升数。求油及和漆者，四、五各为所求率，三、四各为所有率，而今有之，即得也。

原文翻译

【15】假设3份漆可换4份油，4份油可以和5份漆一起调成油漆。现有3斗漆，打算分出其中一部分换成油，且换成的油正好能与剩下的漆调和在一起。问：分出的漆、换得的油、调和的漆各是多少？答：分出的漆是1斗1$\frac{1}{4}$升，换得的油是1斗5升，调和的漆是1斗8$\frac{3}{4}$升。

算法： 假设分出漆9升，可以换成12升油，这12升油可以调和15

升漆,这样还剩下6升漆无法使用;假设分出漆1斗2升,可以换成16升油,这16升油可以调和20升漆,这样共需用漆32升,所以还多出2升。

注解

此处考察的是分出的漆数和总共需用的漆数之间的关系,这是一个线性关系,所以可以用盈不足术求解。

【一六】今有玉方一寸,重七两;石方一寸,重六两。今有石立方三寸,中有玉,并重十一斤。问:玉、石重各几何?答曰:玉一十四寸,重六斤二两。石一十三寸,重四斤一十四两。

术曰:假令皆玉,多十三两;令之皆石,不足十四两。不足为玉,多为石。各以一寸之重乘之,得玉、石之积重〔壹拾玖〕。

〔壹拾玖〕立方三寸是一面之方,计积二十七寸。玉方一寸重七两,石方一寸重六两,是为玉、石重差一两。假令皆玉,合有一百八十九两。课于一十一斤,有余一十三两。玉重而石轻,故有此多。即二十七寸之中有十三寸,寸损一两,则以为石重,故言多为石。言多之数出于石以为玉。假令皆石,合有一百六十二两。课于十一斤,少十四两,故曰不足。此不足即以重为轻。故令减少数于并重,即二十七寸之中有十四寸,寸增一两也。

原文翻译

【16】假设1立方寸的玉重7两,1立方寸的石重6两。现有棱长3

寸的正方体石,其中含有玉,共重 11 斤。问:其中玉、石各有多少? 答:有玉 14 立方寸,重 6 斤 2 两;有石 13 立方寸,重 4 斤 14 两。

算法:棱长 3 寸的正方体体积为 27 立方寸,假设都是玉,则重 189 两,与 11 斤相比,多出 13 两;假设都是石,则重 162 两,与 11 斤相比,不足 14 两。由于每立方寸的玉比石重 1 两,所以假设都是石,所不足的重量数目等于玉的体积数;假设都是玉,所多出的重量数目等于石的体积数。用它们的体积数各自乘单位重量,就得到玉、石各自的重量。

【一七】今有善田一亩,价三百;恶田七亩,价五百。今并买一顷,价钱一万。问:善、恶田各几何? 答曰:善田一十二亩半。恶田八十七亩半。

术曰:假令善田二十亩,恶田八十亩,多一千七百一十四钱七分钱之二;令之善田一十亩,恶田九十亩,不足五百七十一钱七分钱之三〔贰拾〕。

〔贰拾〕按:善田二十亩,直钱六千;恶田八十亩,直钱五千七百一十四、七分钱之二。课于一万,是多一千七百一十四、七分钱之二。令之善田十亩,直钱三千;恶田九十亩,直钱六千四百二十八、七分钱之四。课于一万,是为不足五百七十一、七分钱之三。以盈不足术求之也。

原文翻译

【17】假设 1 亩善田值 300 钱,7 亩恶田值 500 钱。现合买两种田共

1 顷，价值 10 000 钱。问：善田、恶田各有多少？答：善田 12 $\frac{1}{2}$ 亩，恶田

87 $\frac{1}{2}$ 亩。

算法：假设善田是 20 亩，恶田是 80 亩，则总计钱数 11 714 $\frac{2}{7}$

钱，比实际价值多 1 714 $\frac{2}{7}$ 钱；同样，假设善田是 10 亩，恶田是 90

亩，则比实际价值差 571 $\frac{3}{7}$ 钱。

注解

这一题本质上和【9】一样，可以用盈不足术求解。

　　【一八】今有黄金九枚，白银一十一枚，称之重，适等。交易其一，金轻十三两。问：金、银一枚各重几何？答曰：金重二斤三两一十八铢。银重一斤一十三两六铢。

　　术曰：假令黄金三斤，白银二斤一十一分斤之五，不足四十九，于右行。令之黄金二斤，白银一斤一十一分斤之七，多一十五，于左行。以分母各乘其行内之数。以盈、不足维乘所出率，并以为实。并盈、不足为法。实如法，得黄金重。分母乘法以除，得银重。约之得分也[贰拾壹]。

　　〔**贰拾壹**〕按：此术假令黄金九，白银一十一，俱重二十七斤。金，九约之，得三斤；银，一十一约之，得二斤一十一分斤之五；各为金、银一枚重数。就金重二十七斤之中减一金之重，以益银，银重二十七斤之中减一银之重，以益金，则金重二

十六斤一十一分斤之五,银重二十七斤一十一分斤之六。以少减多,则金轻一十七两一十一分两之五。课于一十三两,多四两一十一分两之五。通分内子言之,是为不足四十九。又令之黄金九,一枚重二斤,九枚重一十八斤;白银一十一,亦合重一十八斤也。乃以一十一除之,得一斤一十一分斤之七,为银一枚之重数。今就金重一十八斤之中减一枚金,以益银;复减一枚银,以益金,则金重一十七斤一十一分斤之七,银重一十八斤一十一分斤之四。以少减多,即金轻一十一分斤之八。课于一十三两,少一两一十一分两之四。通分内子言之,是为多一十五。以盈不足为之,如法,得金重。分母乘法以除者,为银两分母,故同之。须通法而后乃除,得银重。余皆约之者,术省故也。

原文翻译

【18】现有黄金 9 枚,白银 11 枚,称重发现,二者重量刚好相等。相互交换 1 枚后,黄金那部分比白银那部分轻了 13 两。问:1 枚黄金和1 枚白银各有多重? 答:1 枚黄金重 2 斤 3 两 18 铢,1 枚白银重 1 斤 13 两6 铢。

算法: 筹算。假设 1 枚黄金重 3 斤,由 9 枚黄金与 11 枚白银等重得,1 枚白银重 $2\frac{5}{11}$ 斤。交换 1 枚后,黄金一边重 $26\frac{5}{11}$ 斤而白银一边重 $27\frac{6}{11}$ 斤,此时黄金一边轻 $\frac{49}{11}$ 两。置"不足"49 于右行"假令"黄金 3、白银 $2\frac{5}{11}$ 之下。再假设 1 枚黄金重 2 斤,那么 1 枚白银重 $1\frac{7}{11}$ 斤。此时交换

1 枚后，黄金一边重于白银一边 $\frac{15}{11}$ 两。置"盈"15 于左行"假令"黄金 2、白

银 $1\frac{7}{11}$ 之下。每一行都只取分子。盈、不足与所出率（"假令"黄金）交叉

相乘，相加之和作为"实"。将盈、不足之数相加，作为"法"。以"法"除

"实"，即得 1 枚黄金的重量。求白银的重量也是同样的做法，但是得到

结果后要除以 11。最后约分。

注解

这一题考察的是黄金或白银一枚的重量和交换后天平两边的重量

差的关系。这是一个线性关系，所以可以用盈不足术。本题筹算如图

7-5。其特点是在取公分母 11 后，所有的计算只取分子，而在最后的结

果中再除以 11。

图 7-5

这样的做法事实上表明《九章算术》已经注意到盈不足术使用中的

两个隐含结论，即：

- 同比扩大盈、不足不会改变盈不足术所决定的线性函数的零点。
- 同比扩大所出率，则零点也将扩大同样的倍数。

运用这两条规律，在有分数的情况下可以简化计算，即刘徽注中所说：

"余皆约之者，术省故也。"有兴趣的读者可以自行证明这两个结论。

【一九】今有良马与驽马发长安，至齐。齐去长安三千里。

良马初日行一百九十三里，日增一十三里，驽马初日行九十七

里,日减半里。良马先至齐,复还迎驽马。问:几何日相逢及各行几何? 答曰:一十五日一百九十一分日之一百三十五而相逢。良马行四千五百三十四里一百九十一分里之四十六,驽马行一千四百六十五里一百九十一分里之一百四十五。

术曰:假令十五日,不足三百三十七里半;令之十六日,多一百四十里。以盈、不足维乘假令之数,并而为实。并盈、不足为法。实如法而一,得日数。不尽者,以等数除之而命分。求良马行者:十四乘益疾里数而半之,加良马初日之行里数,以乘十五日,得十五日之凡行。又以十五日乘益疾里数,加良马初日之行,以乘日分子,如日分母而一。所得,加前良马凡行里数,即得。其不尽而命分。求驽马行者:以十四乘半里,又半之,以减驽马初日之行里数,以乘十五日,得驽马十五日之凡行。又以十五日乘半里,以减驽马初日之行,余,以乘日分子,如日分母而一。所得,加前里,即驽马定行里数。其奇半里者,为半法。以半法增残分,即得。其不尽者而命分[贰拾贰]。

[贰拾贰] 按:令十五日,不足三百三十七里半者,据良马十五日凡行四千二百六十里,除先去齐三千里,定还迎驽马一千二百六十里;驽马十五日凡行一千四百二里半,并良、驽二马所行,得二千六百六十二里半。课于三千里,少三百三十七里半,故曰不足。令之十六日,多一百四十里者,据良马十六日凡行四千六百四十八里;除先去齐三千里,定还迎驽马一千六百四十八里,驽马十六日凡行一千四百九十二里。并良、驽二马

所行,得三千一百四十里。课于三千里,余有一百四十里。故谓之多也。以盈不足之,实如法而一,得日数者,即设差不盈不朒之正数。以二马初日所行里乘十五日,为一十五日平行数。求初末益疾减迟之数者,并一与十四,以十四乘而半之,为中平之积。又令益疾减迟里数乘之,各为减益之中平里。故各减益平行数,得一十五日定行里。若求后一日,以十六日之定行里数乘日分子,如日分母而一,各得日分子之定行里数。故各并十五日定行里,即得。其驽马奇半里者,法为全里之分,故破半里为半法,以增残分,即合所问也。

原文翻译

【19】现有良马和驽马从长安出发去往齐地。齐地距长安 3 000 里。良马第一天行 193 里,之后每天增加 13 里;驽马第一天行 97 里,之后每天减少 $\frac{1}{2}$ 里。良马先抵达齐地后,再返回迎接驽马。问:经过多少天两马相遇? 相遇时它们各行多少里? 答:$15\frac{135}{191}$ 天。良马行 $4\,534\frac{46}{191}$ 里,驽马行 $1\,465\frac{145}{191}$ 里。

算法:假令 15 日,则相逢不足 $337\frac{1}{2}$ 里。假令 16 日,则多 140 里。用盈、不足之数和两次假令交叉相乘,所得求和作为“实”,盈、不足相加作为“法”。以“法”除“实”,得日数。除不尽的,用最大公约数(等数)约简。求良马行程,14 乘“加速”里数再除以 2,加上良马第一日行程,所得结果乘日数 15,得 15 日总行程。再用 15 乘“加速里数”,加上良马第一日行程。所得结果乘日数分子，除以日数分母，再加上前 15 日总行程，就得到良马里程数。不尽部分命为分数。求驽马行程，用 14 乘"减速"里数 $\frac{1}{2}$，再除以 2，所得结果减驽马第一日里数，再乘 15，得驽马 15 日行程。再用 15 减 $\frac{1}{2}$，所得减驽马第一日里数，结果乘日数的分子，除以日数的分母。再加上前 15 日驽马所行里数，即是驽马行程。

注解

用盈不足术求解，做两次试算。试算 15 天，则由刘徽注中的算法，良马在 15 天中的行程为

$$\left[193 + \frac{13 \times (15-1)}{2}\right] \times 15 = 4\,260（里）。$$

其中 $\frac{13 \times (15-1)}{2}$ 是良马每日相较第一日所加里数的平均值，$193 + \frac{13 \times (15-1)}{2}$ 便是良马的平均速度，乘天数 15 即得路程。这实际上是给出了一个等差数列求和的公式，也是现存史料中，中国数学史上第一次明确记载等差数列求和公式。对于驽马同样计算，得其在 15 天中共行 $1\,402\frac{1}{2}$ 里。故 15 天后两马仍相距（不足）$337\frac{1}{2}$ 里。同样的方法试算 16 天，得良马共行 $4\,648$ 里而驽马共行 $1\,492$ 里，可得两马共多行出 140 里。用盈、不足与假设的天数交叉相乘，相加之和作为"实"。将盈、不足相加作为"法"。以"法"除"实"，即得到所求的天数 $15\frac{135}{191}$。要求良马的行程，先用上面的等差数列求和公式算出前 15 个整日的行程 $4\,260$ 里，再考虑其在第 16 天的 $\frac{135}{191}$ 天中所行的路程。这里假设马在同一天中匀

速前进,所以 15 乘每日增加的里数,加上良马第一天所行里数,得到良

马第 16 天的行程也即当天的平均速度,再乘分数 $\dfrac{135}{191}$ 就得到良马第 16

天在相遇之前所行里数。除不尽的部分用分数表示。同样可以求驽马

的行程。

【19】所考察的是两马所行的天数和所行总路程与往返距离之差的

数量关系,由刘徽的求和公式,可以得到:

$$差 = \left[193 + \frac{13 \times (天数 - 1)}{2}\right] \times 天数$$

$$+ \left[97 - \frac{\dfrac{1}{2} \times (天数 - 1)}{2}\right] \times 天数 - 6\,000。 \qquad ③$$

显然,差值与天数之间不是线性关系。但和【11】中的讨论一样,因为刘

徽注中假设了马每天都匀速前进,所以③式中的天数只能取整数,而对

每一天中的时刻,即在每个整数区间 $[n, n+1]$ 上,时刻和马行距离之和

的关系确实是线性的。由于这里解题中的两次试算恰好取到一个整区

间的两端,所以结果是正确的。实际上,若将第一次试算取作 14 天,则

可得到两马相距 $802\dfrac{1}{2}$ 里,此时若仍采用盈不足术,解得相遇天数为

$$\frac{14 \times 140 + 16 \times 802\dfrac{1}{2}}{802\dfrac{1}{2} + 140} = 15\frac{265}{377} 天,便与正确答案不符。$$

【二〇】今有人持钱之蜀贾,利十三。初返归一万四千,次

返归一万三千,次返归一万二千,次返归一万一千,后返归一

万。凡五返归钱,本利俱尽。问本持钱及利各几何?答曰:本

三万四百六十八钱三十七万一千二百九十三分钱之八万四千八百七十六,利二万九千五百三十一钱三十七万一千二百九十三分钱之二十八万六千四百一十七。

术曰:假令本钱三万,不足一千七百三十八钱半;令之四万,多三万五千三百九十钱八分[贰拾叁]。

又术:置后返归一万,以十乘之,十三而一,即后所持之本。加一万一千,又以十乘之,十三而一,即第四返之本。加一万二千,又以十乘之,十三而一,即第三返之本。加一万三千,又以十乘之,十三而一,即第二返之本。加一万四千,又以十乘之,十三而一,即初持之本。并五返之钱以减之,即利也。

〔贰拾叁〕按:假令本钱三万,并利为三万九千;除初返归留,余加利为三万二千五百;除二返归留,余又加利为二万五千三百五十;除第三返归留,余又加利为一万七千三百五十五;除第四返归留,余又加利为八千二百六十一钱半;除第五返归留,合一万钱,不足一千七百三十八钱半。若使本钱四万,并利为五万二千;除初返归留,余加利为四万九千四百;除第二返归留,余又加利为四万七千三百二十;除第三返归留,余又加利为四万五千九百一十六;除第四返归留,余又加利为四万五千三百九十钱八分;除第五返归留,合一万,余三万五千三百九十钱八分,故曰多。

原文翻译

【20】现有人带钱去蜀地经商,利润为 $\frac{3}{10}$。第一次返回留下 14 000

钱;第二次返回留下13 000钱;第三次返回留下12 000钱;第四次返回留下11 000钱;第五次返回留下10 000钱。五次之后,本金和利润正好全部返回。问:本金和利润各是多少? 答:本金为30 468 $\frac{84\ 876}{371\ 293}$ 钱,利润为29 531 $\frac{286\ 417}{371\ 293}$ 钱。

算法: 用盈不足术求解,作两次假设。假设本金为30 000钱,则第一次返回本利共计39 000钱,留下14 000钱后剩余25 000钱;第二次返回本利32 500钱,留下13 000钱后剩余19 500钱。如此往返5次,第5次返回后手头共有本利8 261 $\frac{1}{2}$ 钱,相较于10 000钱尚不足1 738 $\frac{1}{2}$ 钱;假设本金为40 000钱,同样计算,则多出35 390 $\frac{8}{10}$ 钱。

另一种算法: 用最后一次返回留下的10 000钱,乘10,除以13,即得最后一次返回所持本金。加上11 000钱,乘10,除以13,即得第四次返回所持本金。加上12 000钱,乘10,除以13,即得第三次返回所持本金。加上13 000钱,乘10,除以13,即得第二次返回所持本金。加上14 000钱,乘10,除以13,即得最初所持本金。将五次返回留下的钱相加,减去最初所持本金,即为利润。

注解

注意到商人每一次往返手头所剩钱的数量都是上一次的数量乘 $\frac{13}{10}$ 再减去一个数,这是一个线性关系。而线性函数的复合仍然是线性函数,所以这一题可以用盈不足术求出准确解。套用公式即可。感兴趣的读者还可以尝试比较这一题与"均输"卷的【27】【28】。

卷八　方程

方　程[壹]

〔壹〕以御错糅正负。

注解

"方程"一卷,用来处理多种物品混杂,涉及正负数的问题。

【一】今有上禾三秉,中禾二秉,下禾一秉,实三十九斗;上禾二秉,中禾三秉,下禾一秉,实三十四斗;上禾一秉,中禾二秉,下禾三秉,实二十六斗。问:上、中、下禾实一秉各几何? 答曰:上禾一秉,九斗四分斗之一。中禾一秉,四斗四分斗之一。下禾一秉,二斗四分斗之三。

方程[贰]术曰:置上禾三秉,中禾二秉,下禾一秉,实三十九斗于右方[叁]。中、左行列如右方。以右行上禾遍乘中行,而以直除[肆]。又乘其次,亦以直除[伍]。然以中行中禾不尽者遍乘左行,而以直除〔陆〕。左方下禾不尽者,上为法,下为实。实即下禾之实〔柒〕。求中禾,以法乘中行下实,而除下禾之实〔捌〕。余如中禾秉数而一,即中禾之实〔玖〕。求上禾,亦以法乘右行下实,而除下禾、中禾之实〔壹拾〕。余如上禾秉数而一,即上禾之实。实皆如法,各得一斗〔壹拾壹〕。

〔贰〕程,课程也。群物总杂,各列有数,总言其实。令每行为率。二物者再程,三物者三程,皆如物数程之。并列为行,故谓之方程。行之左右无所同存,且为有所据而言耳。

〔叁〕此都术也,以空言难晓,故特系之禾以决之。又列中、左行如右行也。

〔肆〕为术之意,令少行减多行,反复相减,则头位必先尽。上无一位,则此行亦阙一物矣。然而举率以相减,不害余数之课也。若消去头位,则下去一物之实。如是叠令左右行相减,审其正负,则可得而知。先令右行上禾乘中行,为齐同之意。为齐同者,谓中行直减右行也。从简易虽不言齐同,以齐同之意观之,其义然矣。

〔伍〕复去左行首。

〔陆〕亦令两行相去行之中禾也。

〔柒〕上、中禾皆去,故余数是下禾实,非但一秉。欲约众秉之实,当以禾秉数为法。列此,以下禾之秉数乘两行,以直除,则下禾之位皆决矣。各以其余一位之秉除其下实。即计数矣用算繁而不省。所以别为法,约也。然犹不如自用其旧。广异法也。

〔捌〕此谓中两禾实,下禾一秉实数先见,将中秉求中禾,其列实以减下实。而左方下禾虽去一,以法为母,于率不通。故先以法乘,其通而同之。俱令法为母,而除下禾实。以下禾先见之实令乘下禾秉数,即得下禾一位之列实。减于下实,则其数是中禾之实也。

〔玖〕余,中禾一位之实也。故以一位秉数约之,乃得一秉之实也。

〔壹拾〕此右行三禾共实,合三位之实。故以二位秉数约之,乃得一秉之实。今中下禾之实其数并见,令乘右行之禾秉以减之。故亦如前各求列实,以减下实也。

〔壹拾壹〕三实同用,不满法者,以法命之。母、实皆当约之。

原文翻译

【1】现有上等禾 3 捆,中等禾 2 捆,下等禾 1 捆,共结实 39 斗;上等禾 2 捆,中等禾 3 捆,下等禾 1 捆,共结实 34 斗;上等禾 1 捆,中等禾 2 捆,下等禾 3 捆,共结实 26 斗。问:上、中、下等禾每捆各结多少实?答:上等禾每捆 $9\frac{1}{4}$ 斗,中等禾每捆 $4\frac{1}{4}$ 斗,下等禾每捆 $2\frac{3}{4}$ 斗。

方程算法: 取上禾数 3,中禾数 2,下禾数 1,实 39,列于右边。中,左两列也同样列置。用右行上禾数遍乘中行各数,再相"直除"。再遍乘左行,"直除"。所得结果中,用中行中禾经过"直除"未减尽的数遍乘左行,再"直除"左行。左行下禾没有减尽的数作为"法",下面未尽的禾实数作为"实",这个"实"就是下禾的禾实数。求中禾的禾实数,用左行下禾数乘中行禾实数,再减去左行中下禾禾实数。余数除以中禾数,就是中禾的禾实数。求上禾数,也用"法"乘右行下实,再减去下禾、中禾的禾实数。余数除以上禾数,就得到上禾实数。所得之实都除以"法",各得所述斗数。

注解

　　"方程"卷是《九章算术》处理线性关系问题的最终章,是《九章算术》"率"的思想的集中体现,也是《九章算术》处理多个变量线性关系的最高成就。我们可以这样整理《九章算术》及刘徽注对线性关系研究的脉络:"粟米"卷介绍两个变量的"率"的关系,"衰分"卷将"率"推广到多个变量,这两卷完成对"数相与为'率'"这一关系的阐述和解释,并以此解决最简单的按比例分配问题。"均输"卷处理由一个多变量齐次线性关系("均")得到"列衰"后的分配问题,说明"率"可以由齐次线性关系给出。"盈不足"卷说明如何用"率"的思想确定两个变量的非齐次线性关系。最后是"方程"这一卷,给出同时处理多个多变量非齐次线性关系的方法。用现代数学语言来说,即是解现代意义下的多变量非齐次线性方程组。

　　《九章算术》中的方程和今天"含未知数的等式"定义的"方程"不一样。由刘徽的注释,所谓"程",是由"课程"的本意"计量、试验"引申而来的,一"程"可以理解为对给定的一组事物按某个比例进行一次"测量"的记录,所以对方程也有"课率"的解释。题设中"上等禾3捆,中等禾2捆,下等禾1捆,共结粮食39斗",这是对三种物品"上禾,中禾,下禾"按照"三秉,二秉,一秉"进行一次(结粮食的)测量,得到"实三十九斗"的结果,这就是一"程"。按照今天的观点,这样的一"程"自然对应了一个"3上禾＋2中禾＋1下禾＝39"的"方程",但在中国古代算家眼中,这样得到的是一组数3,2,1,39的相与关系,也就是"率"。有了前几卷,特别是"粟米"卷经率算法中对率的理解,读者当不以为奇,但这对本卷中将一"程"列成一行进行筹算的合法性是相当关键的。下面我们就结合筹算的过程来对这一题的方程算法进行较细致的分析。

首先按"上等禾,中等禾,下等禾,共有实"的顺序由上而下在右边将第一"程"的数列成一行:3,2,1,39,按同样的方式相继列出中行、左行。如此有三"程",列为三行,成为一个4乘3的方阵,称为"方程",意思是"并而程之",即将诸物之间的几个数量关系并列起来。刘徽在这里说"二物者再程,三物者三程,皆如物数程之",从现代"方程"组的角度来看,就是说要解的事物有多少个,就需要多少个"方程",这是现代数学中线性"方程"组存在唯一解的必要条件。联系刘徽在《九章算术注》序中"度高者重表,测深者累矩,孤离者三望,离而又旁求者四望"的说法,可见其对一般数学问题解存在性的条件有深入的理解和思考。

列出筹算的方程后,开始具体的计算。用右行的上禾数(右行第一个数)乘中行的每一个数,所得的中行减去右行某个合适的倍数,使得中行上禾数(第一个数)为零(这一过程即是"直除")。再用右行的上禾数乘下一行(即左行),所得结果同样去减右行的合适倍数,直到上禾为零。如图8-1所示。

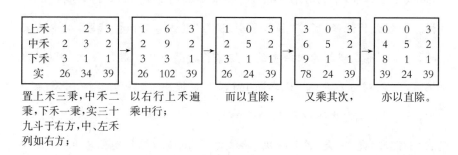

上禾	1	2	3		1	6	3		1	0	3		3	0	3		0	0	3
中禾	2	3	2		2	9	2		2	5	2		6	5	2		4	5	2
下禾	3	1	1		3	3	1		3	1	1		9	1	1		8	1	1
实	26	34	39		26	102	39		26	24	39		78	24	39		39	24	39

置上禾三秉,中禾二秉,下禾一秉,实三十九斗于右方,中、左禾列如右方;　　以右行上禾遍乘中行;　　而以直除;　　又乘其次,　　亦以直除。

图8-1

因为方程中的每一行被理解为"率"——比值,所以对中行所有数同时乘同一个数,该"率"不变;而以右行为"率"——标准,那么上禾3,中禾2和下禾1分别可以视为上禾、中禾、下禾相通的"单位一",所以中行直除右行所得到的仍然是正确的"程",这就是刘徽说的"不害余数之课也"。用右行的上禾数乘中行,是为了"齐同"两"程"之中上禾数的"粗细",使得直除能够消去中行行首。完成这一步之后,可以看到中行和右行已经与上禾无关,成了两个只关于中禾和下禾两个物品的"程"。方程算法的基本思路就是利用"行首数乘"和"直除"不断减少"物"数和"程"数,直到一"物"一"程",问题自然解决。(刘徽在下面题【3】相关的注中明确了这个思路。)所以接下去就是用中行未尽的中禾数乘左行,然后左行直除中行。这样左行只剩下下禾数,将其作为"法",最下的实作为"实",相除就得到 1 捆下禾所结的实,如图 8 - 2 所示。

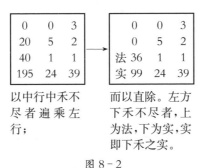

图 8 - 2

　　求 1 捆中禾所结的实,用左行此时剩下的下禾数,即上一步的"法",乘中行,所得结果直除左行,那么中行只剩中禾数和实数,相除得到结果。具体地,用左行剩下的下禾数乘中行的实数,再减去左行下的实。其差除以中行中禾数和左行下禾数的积,即为 1 捆中禾所结的粮食。为下一步作准备,对中行剩下的中禾数和实数同除以 5,使得中行中禾数和左行下禾数相等,都为"法",如图 8 - 3 所示。

0	0	3		0	0	3
0	5(×36)	2		0	法 36	2
法 36	0	1		法 36	0	1
实 99	24×36 - 99 = 765	39		实 99	765÷5 = 153	39

求中禾,以法乘中行下实,而除下　　　余如中禾秉数而一,即中禾
禾之实。　　　　　　　　　　　　　之实。

图 8 - 3

最后求上禾，用"法"乘右行各数，其结果直除左行和中行，右行便只剩下上禾的捆数和上禾的实。相除得到上禾 1 捆所结实的斗数。如图 8-4 所示。

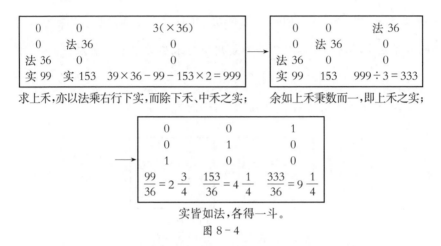

求上禾，亦以法乘右行下实，而除下禾、中禾之实； 余如上禾秉数而一，即上禾之实；

实皆如法，各得一斗。

图 8-4

《九章算术》此处的算法和现代数学用增广矩阵的算法完全相同，区别仅在于"方程"组中的"方程"是横列或竖列而已。

【二】今有上禾七秉，损实一斗，益之下禾二秉，而实一十斗；下禾八秉，益实一斗，与上禾二秉，而实一十斗。问：上、下禾实一秉各几何？答曰：上禾一秉，实一斗五十二分斗之一十八。下禾一秉，实五十二分斗之四十一。

术曰：如方程。损之曰益，益之曰损[壹拾贰]。损实一斗者，其实过一十斗也；益实一斗者，其实不满一十斗也[壹拾叁]。

〔壹拾贰〕问者之辞，虽今按实云：上禾七秉，下禾二秉，实一十一斗；上禾二秉，下禾八秉，实九斗也。"损之曰益"，言损一斗，余当一十斗；今欲全其实，当加所损也。"益之曰损"，言益实以一斗，乃满一十斗；今欲知本实，当减所加即得也。

〔壹拾叁〕重谕损益数者，各以损益之数损益之也。

原文翻译

【2】现有上等禾 7 捆，它的实减少 1 斗，再加上下等禾 2 捆的实，得到总实 10 斗；下等禾 8 捆，它的实加上 1 斗，再加上等禾 2 捆的实，得到总实 10 斗。问：上、下等禾 1 捆的实各是多少？答：上等禾 1 捆 $1\frac{18}{52}$ 斗，下等禾 1 捆 $\frac{41}{52}$ 斗。

算法：按照方程算法。在列每一"程"时，题设中说要减损的量就加在对应行"实"的量上，说要增加的量就减在对应行"实"的量上。之所以这样，是因为若需要先减损 1 斗，那么这一"程"原本的实必然超过 10 斗，实际上应该是 11 斗；需要增加 1 斗的，它原本的实必不满 10 斗，实际上是 9 斗。

注解

刘徽在这里注释说，对应于"实"的量，要"损之曰益，益之曰损"。按现代线性"方程"的意思，就是说当"方程"等式的左边有常数项时，需要先移到右边并变号。

【三】今有上禾二秉，中禾三秉，下禾四秉，实皆不满斗。上取中、中取下、下取上各一秉而实满斗。问：上、中、下禾实一秉各几何？答曰：上禾一秉实二十五分斗之九。中禾一秉实二十五分斗之七。下禾一秉实二十五分斗之四。

　　术曰： 如方程。各置所取[壹拾肆]。以正负术入之。

　　正负术曰[壹拾伍]：同名相除[壹拾陆]，异名相益[壹拾柒]，正无入负之，负无入正之[壹拾捌]。其异名相除，同名相益，正无入正之，负无入负之[壹拾玖]。

　　[壹拾肆]置上禾二秉为右行之上，中禾三秉为中行之中，下禾四秉为左行之下，所取一秉及实一斗各从其位。诸行相借取之物皆依此例。

　　[壹拾伍]今两算得失相反，要令正负以名之，正算赤、负算黑，否则以邪正为异。方程自有赤黑相取，法实数相推求之术，而其并减之势不得广通，故使赤黑相消夺之。于算或减或益，同行异位，殊为二品，各有并、减之差见于下焉。著此二条，特系之禾以成此二条之意。故赤、黑相杂足以定上下之程，减、益虽殊足以通左右之数，差、实虽分足以应同异之率。然则"其正无入以负之，负无入以正之"，其率不妄也。

　　[壹拾陆]此谓以赤除赤，以黑除黑，行求相减者，为去头位也。然则头位同名者，当用此条，头位异名者，当用下条。

　　[壹拾柒]益行减行，当各以其类矣。其异名者，非其类也。非其类者，犹无对也，非所得减也。故赤用黑对则余黑；黑无对则余赤。赤黑并于本数。此为相益之，皆所以为消夺。消夺之与减益成一实也。术本取要，必除行首，至于他位，不嫌多少，故或令相减，或令相并，理无同异而一也。

〔壹拾捌〕无入，为无对也。无所得减，则使消夺者居位也。其当以列实或减下实，而行中正负杂者亦用此条。此条者，同名减实，异名益实，正无入负之，负无入正之也。

〔壹拾玖〕此条异名相除为例，故亦与上条互取。凡正负所以记其同异，使二品互相取而已矣。言负者未必负于少，言正者未必正于多。故每一行之中虽复赤黑异算无伤。然则可得使头位常相与异名。此条之实兼通矣，遂以二条反覆一率。观其每与上下互相取位，则随算而言耳，犹一术也。又本设诸行，欲因成数以相去耳。故其多少无限，令上下相命而已。若以正负相减，如数有旧增法者，每行可均之，不但数物左右之也。

原文翻译

【3】现有上等禾 2 捆，中等禾 3 捆，下等禾 4 捆，它们的实都不满 1 斗。如果上等禾加中等禾 1 捆，中等禾加下等禾 1 捆，下等禾加上等禾 1 捆，则它们的实都可以满 1 斗。问：上、中、下等禾 1 捆的实各是多少？

答：上等禾 1 捆 $\frac{9}{25}$ 斗，中等禾 1 捆 $\frac{7}{25}$ 斗，下等禾 1 捆 $\frac{4}{25}$ 斗。

算法：按照方程算法，根据题设数据列方程，在计算的时候按下面的正负数算法求解。

正负算法：同号相减，异号相加。零减正数则改正数为负数，零减负数则改负数为正数。两行相加时，（其中）异号之数相减，同号之数相加。正数加零得正数，负数加零得负数。

注解

这是刘徽在《九章算术注》中第一次明确提出正负数的定义，是《九章算术》在代数运算上最重要的部分之一。刘徽先提出了定义正负数的必要性,首先是因为"今两算得失相反","两算"是指什么呢?下文有"于算或减或益"一句,可见两算是指加减法。在筹算中,做加法则"得",做减法则"失",所以对两者加以区分,前者为正,后者为负。而对同一筹数,作为加数或者减数也要加以区分,对加数用红筹,减数用黑筹。由此可见,中国古代的正负数概念乃是由对数字运算的需要而来,这与现代代数学中为求集合在运算下的封闭性而定义元素相反数(the opposite element)的思想不谋而合。事实上,刘徽在这里对正负数的处理本来就更接近现代代数学:所谓"正算赤,负算黑",刘徽的"赤、黑"不光指数,也指代运算,这和现代数学重"算子(operator)"而轻"元素(element)"的思想遥相呼应。他在下一句中进一步解释:"方程自有赤、黑相取,法实数相推求之术,而其并减之势不得广通,故使赤、黑相消夺之。于算或减或益,同行异位,殊为二品,各有并、减之差见于下焉",意思是说,"程"本身就可以有加减法,效仿"实"的数量那样相互进行运算,但是同一行中的不同位置在计算的时候有正有负,很不一样;或加或减,都会影响结果,所以,"程"的运算和其中各位上的运算未必一致。这就需要用红黑两种颜色的算筹,使得运算时可以根据颜色的异同相互抵消,(结果可能)互换颜色。此处刘徽用"赤黑相取"来指代"程"之间的运算而不用数之间的"减并",可见他已经具备抽象运算的思想。从"正算赤,负算黑"到"程自有赤、黑相取,法实数相推求之术",从定义到一般应用,逻辑严谨,行文精炼,令人击节赞叹!若将方程中的一"程"看作今天数学中的列向量,那么此处就已经有了向量运算的雏形。

那么该如何计算呢?刘徽说,《九章算术》提出了两条算法,并用禾的例子加以说明:其中一条是"同名相除,异名相益,正无入负之,负无入正之"。另一条是"异名相除,同名相益,正无入正之,负无入负之"。这两条相互补充,交替使用红黑两种算法就足以计算各"程"了:(因为)虽然加减不同,但每一行对应的数已经可以运算;上下虽然有负数,但作为"率"还是可以计算的;因为"正无入负之,负无入正之",其比值还是正确的。更具体地说,两"程"行首相同,需要相减,此时行中对应各位的计算用第一条:同号相减,异号减数变号相加,空减正数变负数,空减负数变正数;两"程"行首相异,需要相加,此时行中对应各位的计算用第二条:同号相加,异号相减,空加正数是正数,空加负数是负数。《九章算术》在此处强调空位是有其道理的。首先是筹算本身的需要,考虑筹算两程相加,在某一个对应位置上的算筹分别为 2 和 -4,如图 8-5 所示。需要注意的是,筹算并不是今天的符号计算,其计算本质是将异号的算筹成对消去,因而此时当对应位置上 2 和 -4 中的 2 根斜置算筹消去后,该位置上的计算便落入了"正无入负之"的情况。其次是方程算法的需要。就如我们在【1】的注解中所说明的,刘徽在此处也明确指出,方程算法的关键在于"必除行首,至于他位,不嫌多少",因此在计算中很有可能出现空位加减正负数的情况。

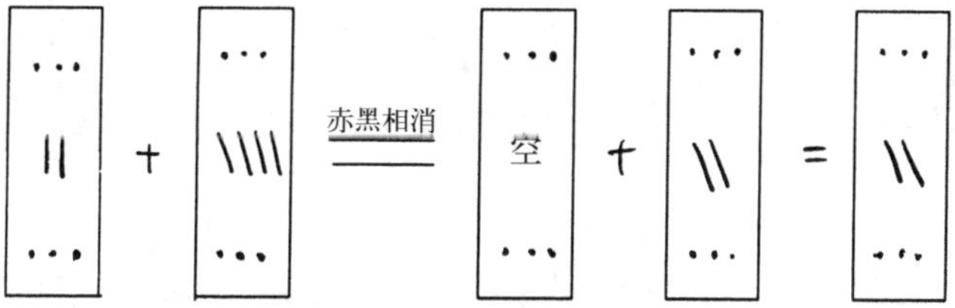

图 8-5

实际上刘徽对正负和方程的理解还要更加深刻。除了明确了方程算法的根本思路是"减少物数",即"又本设诸行,欲因成数以相去耳。故其多少无限,令上下相命而已"以外,他还指出正负号的使用只是为了"记其同异,使二品互相取而已矣",而与数字的值无关。换句话说,正负只是标记元素的"相对关系"或者"相对方向"而已,这和现代抽象代数的基本精神是一致的。既然如此,对一"程"中各个数量的正负标记进行对换并不影响它们的"相对关系",也就是不会改变这一程作为一个"率"的正确性。所以刘徽会说,(在进行两行间的计算时,如果需要,)总可以将方程一行中的数量同时交换正负号,使得(两行行首同号。因此)只需要使用第一条算法就够了。这不就是今天向量计算的法则吗?

【四】今有上禾五秉,损实一斗一升,当下禾七秉;上禾七秉,损实二斗五升,当下禾五秉。问:上、下禾实一秉各几何?答曰:上禾一秉五升。下禾一秉二升。

术曰:如方程。置上禾五秉正,下禾七秉负,损实一斗一升正[贰拾]。次置上禾七秉正,下禾五秉负,损实二斗五升正。以正负术入之[贰拾壹]。

[贰拾] 言上禾五秉之实多,减其一斗一升,余是与下禾七秉相当数也。故互其算,令相折除,以一斗一升为差。为差者,上禾之余实也。

[贰拾壹] 按正负之术,本设列行物程之数不限多少,必令与实上下相次,而以每行各自为率。然而或减或益,同行异位,殊为二品,各自并、减,之差见于下也。

原文翻译

【4】现有上等禾5捆,它的实减损1斗1升,相当于下等禾7捆;上

等禾 7 捆，它的实减损 2 斗 5 升，相当于下等禾 5 捆。问：上、下等禾 1 捆的实各是多少？答：上等禾 1 捆 5 升，下等禾 1 捆 2 升。

　　算法： 按照方程算法。在右行自上而下列出：上等禾正 5，下等禾负 7，实正 1 斗 1 升。再列出左行上等禾正 7，下等禾负 5，实正 2 斗 5 升。然后用正负算法解答。

注解

　　本题在列每一程时用了【2】中"损之日益，益之日损"的原则来处理"实"的量，所以它们都是正数，是用下禾数去减上禾数的差（即刘徽所谓的"实差"）。而既然下禾数是减数，按题【3】刘徽注中的定义，应该取负数。

　　【五】今有上禾六秉，损实一斗八升，当下禾一十秉；下禾一十五秉，损实五升，当上禾五秉。问：上、下禾实一秉各几何？答曰：上禾一秉实八升。下禾一秉实三升。

　　术曰： 如方程。置上禾六秉正，下禾一十秉负，损实一斗八升正。次，上禾五秉负，下禾一十五秉正，损实五升正。以正负术入之[贰拾贰]。

　　【六】今有上禾三秉，益实六斗，当下禾一十秉；下禾五秉，益实一斗，当上禾二秉。问：上、下禾实一秉各几何？答曰：上禾一秉实八斗。下禾一秉实三斗。

　　术曰： 如方程。置上禾三秉正，下禾一十秉负，益实六斗负。次置上禾二秉负，下禾五秉正，益实一斗负。以正负术入之[贰拾叁]。

【七】今有牛五、羊二,直金十两;牛二、羊五,直金八两。问:牛、羊各直金几何?答曰:牛一,直金一两二十一分两之一十三。羊一,直金二十一分两之二十。

术曰:如方程[贰拾肆]。

〔贰拾贰〕言上禾六秉之实多,减损其一斗八升,余是与下禾十秉相当之数。故亦互其算,而以一斗八升为差实。差实者,上禾之余实。

〔贰拾叁〕言上禾三秉之实少,益其六斗,然后于下禾十秉相当也。故亦互其算,而以六斗为差实。差实者,下禾之余实。

〔贰拾肆〕假令为同齐,头位为牛,当相乘。右行定,更置牛十,羊四,直金二十两,左行,牛十,羊二十五,直金四十两。牛数等同,金多二十两者,羊差二十一使之然也。以少行减多行,则牛数尽,惟羊与直金之数见,可得而知也。以小推大,虽四五行不异也。

原文翻译

【5】现有上等禾6捆,它的实减损1斗8升,相当于下等禾10捆;下等禾15捆,它的实减损5升,相当于上等禾5捆。问:上、下等禾1捆的实各是多少?答:上等禾1捆8升,下等禾1捆3升。

算法:按照方程算法。列出右行上等禾正6,下等禾负10,实正1斗8升。再列出左上等禾负5,下等禾正15,实正5升。用正负算法。

【6】现有上等禾3捆,它的实增益6斗,相当于下等禾10捆;下等禾5捆,它的实增益1斗,相当于上等禾2捆。问:上、下等禾1捆的实各

是多少? 答: 上等禾 1 捆 8 斗, 下等禾 1 捆 3 斗。

算法: 按照方程算法。右行列出上等禾正 3, 下等禾负 10, 实负 6 斗。再左行列出上等禾负 2, 下等禾正 5, 实负 1 斗。用正负算法解答。

【7】现有牛 5 头, 羊 2 头, 价值金 10 两; 牛 2 头, 羊 5 头, 价值金 8 两。问: 牛、羊一头各值金多少两? 答: 牛 1 头值金 $1\frac{13}{21}$ 两, 羊 1 头值金 $\frac{20}{21}$ 两。

算法: 按照方程算法。

注解

刘徽对这道题还提出了基于"齐同"思想的解法, 即将两"程"所得的率以牛的头数作为共同标准来进行比较。具体地, 用右行牛数乘左行, 左行牛数乘右行, 得到右行为牛 10, 羊 4, 金 20, 左行为牛 10, 羊 25, 金 40。牛数相等, 多出来的 20 金即为多出来的 21 头羊的价值。这个解法的思想与"粟米"卷中的其率算法是一致的。

【八】今有卖牛二, 羊五, 以买一十三豕, 有余钱一千; 卖牛三, 豕三, 以买九羊, 钱适足; 卖六羊, 八豕, 以买五牛, 钱不足六百。问: 牛、羊、豕价各几何? 答曰: 牛价一千二百。羊价五百。豕价三百。

术曰: 如方程。置牛二, 羊五正, 豕一十三负, 余钱数正; 次, 牛三正, 羊九负, 豕三正; 次五牛负, 六羊正, 八豕正, 不足钱负。以正负术入之[贰拾伍]。

[贰拾伍] 此中行买、卖相折, 钱适足, 故但互买卖算而已, 故下无钱直也。设欲以此行如方程法, 先令牛二遍乘中行, 而

以右行直除之。是故终于下实虚缺矣。故注曰正无实负，负无实正，方为类也。方将以别实加适足之数与实物作实。

原文翻译

【8】现卖牛2头、羊5头，买猪13头，余下1000钱；卖牛3头、猪3头，买羊9头，钱正好足够；卖羊6头、猪8头，买牛5头，不足600钱。问：牛、羊、猪各多少钱一头？答：牛1200钱，羊500钱，猪300钱。

算法：按照方程算法。列出右行牛2，羊5，猪负13，余钱正1000；再列出中行牛3，羊负9，猪3，钱空；然后列出最后一行牛负5，羊6，猪8，钱负600。用正负算法。

注解

这一题出现了钱数为零的情况，按照古代筹算的做法，零处留空，即为"无"。

【九】今有五雀六燕，集称之衡，雀俱重，燕俱轻。一雀一燕交而处，衡适平。并雀、燕重一斤。问：雀、燕一枚各重几何〔贰拾陆〕？答曰：雀重一两一十九分两之一十三。燕重一两一十九分两之五。

术曰：如方程。交易质之，各重八两〔贰拾柒〕。

〔贰拾陆〕盈不足章"黄金白银"与此相当。"假令黄金九，白银一十一，称之重适等。交易其一，金轻十三两。问金、银一枚各重几何？"与此同。

〔贰拾柒〕此四雀一燕与一雀五燕衡适平，并重一斤，故各八两。列两行程数。左行头位其数有一者，令右行遍除。亦可令于左行而取其法、实于左。左行数多，以右行取其数。左头位减尽，中、下位算当燕与实。右行不动。左上空，中法，下实，即每枚当重宜可知也。按：此四雀一燕与一雀五燕其重等，是三雀、四燕重相当。雀率重四，燕率重三也。诸再程之率皆可异术求也，即其数也。

原文翻译

【9】现有5只麻雀，6只燕子，分别集合起来用天平称量，麻雀总体较重，燕子总体较轻。再交换1只麻雀和1只燕子称量，天平正好持平。麻雀和燕子的重量相加正好为1斤。问：1只麻雀、1只燕子各重多少？

答：麻雀重$1\frac{13}{19}$两，燕子重$1\frac{5}{19}$两。

算法：这一题题设和"盈不足"卷的【18】相同，这里按照方程算法的思路求解。交换后称量，4麻雀加1燕子和1麻雀加4燕子重量相等，各重8两，根据这两个关系可以列出方程两行。

注解

按照现在数学课本上的常用作法，这一题可以写成连等式的形式，即

$$4麻雀+1燕子=1麻雀+4燕子=8。$$

【一〇】今有甲、乙二人持钱不知其数。甲得乙半而钱五

十，乙得甲太半而亦钱五十。问：甲、乙持钱各几何？答曰：甲持三十七钱半。乙持二十五钱。

术曰：如方程。损益之[贰拾捌]。

[贰拾捌] 此问者，言一甲，半乙而五十；太半甲，一乙亦五十也。各以分母乘其全，内子。行定：二甲，一乙而钱一百；二甲，三乙而钱一百五十。于是乃如方程。诸物有分者仿此。

原文翻译

【10】现甲、乙二人各有一些钱。如果甲得到乙的 $\frac{1}{2}$，那么甲总共有 50 钱，如果乙得到甲的 $\frac{2}{3}$，那么乙总共也有 50 钱。问：甲、乙原本各带钱多少？答：甲 37 $\frac{1}{2}$ 钱，乙 25 钱。

算法：按照方程算法。做减损增益处理。

注解

这里按所给数量直接列方程会出现分数，如右行：1，$\frac{1}{2}$，50。在这种情况下，刘徽给出了有分数先对一程内各数通分的原则，即将右行写成：2，1，100。左行同样如此。到这里，可以自信地说刘徽事实上已经掌握今天所谓的向量运算了。当然，他这样做的理论基础还是"率"的性质。

【一一】今有二马，一牛，价过一万，如半马之价；一马，二牛，价不满一万，如半牛之价。问：牛、马价各几何？答曰：马价五千四百五十四钱一十一分钱之六。牛价一千八百一十八钱一十一分钱之二。

术曰：如方程。损益之[贰拾玖]。

【一二】今有武马一匹，中马二匹，下马三匹，皆载四十石至阪，皆不能上。武马借中马一匹，中马借下马一匹，下马借武马一匹，乃皆上。问：武、中、下马一匹各力引几何？答曰：武马一匹力引二十二石七分石之六。中马一匹力引一十七石七分石之一。下马一匹力引五石七分石之五。

术曰：如方程。各置所借，以正负术入之。

【一三】今有五家共井，甲二绠（gěng）不足，如乙一绠。乙三绠不足，以丙一绠；丙四绠不足，以丁一绠；丁五绠不足，以戊一绠；戊六绠不足，以甲一绠。如各得所不足一绠，皆逮。问：井深、绠长各几何？答曰：井深七丈二尺一寸。甲绠长二丈六尺五寸。乙绠长一丈九尺一寸。丙绠长一丈四尺八寸。丁绠长一丈二尺九寸。戊绠长七尺六寸。

术曰：如方程。以正负术入之[叁拾]。

〔贰拾玖〕此一马半与一牛价直一万也，二牛半与一马亦直一万也。一马半与一牛直钱一万，通分内子，右行为三马，二牛，直钱二万。二牛半与一马直钱一万，通分内子，左行为二马，五牛，直钱二万也。

〔叁拾〕此率初如方程为之，名各一逮井。其后，法得七百二十一，实七十六，是为七百二十一绠而七十六逮井，并用逮之数。以法除实者,而戊一绠逮井之数定,逮七百二十一分之七十六。是故七百二十一为井深,七十六为戊绠之长,举率以言之。

原文翻译

【11】现有 2 匹马和 1 头牛,它们价值之和比半匹马的价值多 10 000 钱;1 匹马和 2 头牛,它们价值之和比 10 000 钱还少半头牛的价值。问:牛、马各价值多少? 答:马价值 $5\,454\frac{6}{11}$ 钱,牛价值 $1\,818\frac{2}{11}$ 钱。

算法: 按照方程算法。损之曰益,益之曰损。先程内通分。

【12】现有上等马 1 匹,中等马 2 匹,下等马 3 匹,各自都无法将 40 石的重物拉上坡。若上等马再加 1 匹中等马,中等马再加 1 匹下等马,或者下等马再加 1 匹上等马,那么就都能拉上坡了。问:上、中、下等马每匹各能拉多重的物品上坡? 答:上等马 1 匹能拉 $22\frac{6}{7}$ 石,中等马 1 匹能拉 $17\frac{1}{7}$ 石,下等马 1 匹能拉 $5\frac{5}{7}$ 石。

算法: 按照方程算法,分别列出每次所用到的马的数量,没用到的马的数量留空。用正负算法计算。

【13】现五家共用一口井,甲家的 2 根汲水绳连起来不足井的深度,差乙家的汲水绳 1 根那么长;乙家的 3 根汲水绳连起来不足井的深度,差丙家的汲水绳 1 根那么长;丙家的 4 根汲水绳连起来不足井的深度,差丁家的汲水绳 1 根那么长;丁家的 5 根汲水绳连起来不足井的深度,差戊家的汲水绳 1 根那么长;戊家的 6 根汲水绳连起来不足井的深度,差甲家的汲水绳 1 根那么长。如果每家取得各自不足的那部分汲水绳,连起来都可达到井的深度。问:井深和各家的汲水绳长度是多少? 答:

井深 7 丈 2 尺 1 寸,甲家绳长 2 丈 6 尺 5 寸,乙家绳长 1 丈 9 尺 1 寸,丙家绳长 1 丈 4 尺 8 寸,丁家绳长 1 丈 2 尺 9 寸,戊家绳长 7 尺 6 寸。

算法: 按照方程算法。运用正负算法。

注解

【3】中的计算所得未必是确切的长度。就如刘徽所指出,以 1"井深"为单位列方程,可以求得戊家绳和井深的比值为 $\frac{76}{721}$,此处取戊家绳长 76 寸,井深 721 寸,乃是取了满足计算结果中所有分数比值的既约整数解。这种做法在古代的算经中很常见,著名的有"孙子点兵"算法,给出的都是最小正整数解。刘徽的"举率一言之"明确地指出了这一点。

【一四】今有白禾二步,青禾三步,黄禾四步,黑禾五步,实各不满斗。白取青、黄,青取黄、黑,黄取黑、白,黑取白、青,各一步,而实满斗。问:白、青、黄、黑禾实一步各几何? 答曰:白禾一步实一百一十一分斗之三十三。青禾一步实一百一十一分斗之二十八。黄禾一步实一百一十一分斗之一十七。黑禾一步实一百一十一分斗之一十。

术曰: 如方程。各置所取,以正负术入之。

【一五】今有甲禾二秉,乙禾三秉,丙禾四秉,重皆过于石。甲二重如乙一,乙三重如丙一,丙四重如甲一。问:甲、乙、丙禾一秉各重几何? 答曰:甲禾一秉重二十三分石之一十七。乙禾一秉重二十三分石之一十一。丙禾一秉重二十三分石之一十。

术曰：如方程。置重过于石之物为负〔叁拾壹〕。以正负术入之〔叁拾贰〕。

【一六】今有令一人，吏五人，从者一十人，食鸡一十；令一十人，吏一人，从者五人，食鸡八；令五人，吏一十人，从者一人，食鸡六。问：令、吏、从者食鸡各几何？答曰：令一人食一百二十二分鸡之四十五。吏一人食一百二十二分鸡之四十一。从者一人食一百二十二分鸡之九十七。

术曰：如方程。以正负术入之。

【一七】今有五羊，四犬，三鸡，二兔，直钱一千四百九十六；四羊，二犬，六鸡，三兔，直钱一千一百七十五；三羊，一犬，七鸡，五兔，直钱九百五十八；二羊，三犬，五鸡，一兔，直钱八百六十一。问：羊、犬、鸡、兔价各几何？答曰：羊价一百七十七。犬价一百二十一。鸡价二十三。兔价二十九。

术曰：如方程。以正负术入之。

【一八】今有麻九斗，麦七斗，菽三斗，荅二斗，黍五斗，直钱一百四十；麻七斗，麦六斗，菽四斗，荅五斗，黍三斗，直钱一百二十八；麻三斗，麦五斗，菽七斗，荅六斗，黍四斗，直钱一百一十六；麻二斗，麦五斗，菽三斗，荅九斗，黍四斗，直钱一百一十二；麻一斗，麦三斗，菽二斗，荅八斗，黍五斗，直钱九十五。问：一斗直几何？答曰：麻一斗七钱。麦一斗四钱。菽一斗三钱。荅一斗五钱。黍一斗六钱。

术曰：如方程。以正负术入之〔叁拾叁〕。

〔叁拾壹〕此问者言甲禾二秉之重过于一石也。其"过"者何？云：如乙一秉重矣。互其算，令相折除，而一以石为之差实。差实者，如甲禾余实。故置算相与同也。

〔叁拾贰〕此"入"，头位异名相除者，正无入正之，负无入负之也。

〔叁拾叁〕此"麻麦"与均输、少广之章重衰、积分皆为大事。其拙于精理徒按本术者，或用算而布毡，方好烦而喜误，曾不知其非，反欲以多为贵。故其算也，莫不暗于设通而专于一端。至于此类，苟务其成，然或失之，不可谓要约。更有异术者，庖丁解牛，游刃理间，故能历久其刃如新。夫数，犹刃也，易简用之则动中庖丁之理。故能和神爱刃，速而寡尤。凡九章为大事，按法皆不尽一百算也。虽布算不多，然足以算多。世人多以方程为难，或尽布算之象在缀正负而已。未暇以论其设动无方，斯胶柱调瑟之类。聊复恢演为作新术，著之于此，将亦启导疑意。网罗道精，岂传之空言？记其施用之例，著策之数，每举一隅焉。

方程新术曰：以正负术入之。令左、右相减，先去下实，又转去物位，则其求一行二物正负相借者，是其相当之率。又令二物与他行互相去取，转其二物相借之数，即皆相当之率也。各据二物相当之率，对易其数，即各当之率也。更置成行及其下实，各以其物本率今有之，求其所同，并以为法。其当相并而行中正负杂者，同名相从，异名相消，余以为法。以下置为实。实如法，即合所问也。一物各以本率今有之，即皆合所问也。率不通者，齐之。

其一术曰：置群物通率为列衰。更置成行群物之数，各以其率乘之，并以为法。其当相并而行中正负杂者，同名相从，异名相消，余为法。以成行下实乘列衰，各自为实。实如法而一，即得。

以旧术为之。凡应置五行。今欲要约，先置第三行，减以第四行，又减第五行；次置第二行，以第二行减第一行，又减第四行。去其头位；余可半；次置右行及第二行。去其头位；次以右行去第四行头位，次以左行去第二行头位，次以第五行去第一行头位；次以第二行去第四行头位；余可半；以右行去第二行头位，以第二行去第四行头位。余，约之为法实。实如法而一，得六，即有黍价。以法治第二行，得荅价，右行得菽价，左行得麦价，第三行麻价。如此凡用七十七算。

以新术为此：先以第四行减第三行；次以第三行去右行及第二行、第四行下位，又以减左行下位，不足减乃止；次以左行减第三行下位，次以第三行去左行下位。讫，废去第三行。次以第四行去左行下位，又以减右行下位；次以右行去第二行及第四行下位；次以第二行减第四行及左行头位；次以第四行减左行菽位，不足减乃止；次以左行减第二行头位，余，可再半；次以第四行去左行及第二行头位，次以第二行去左行头位，余，约之，上得五，下得三，是菽五当荅；次以左行去第二行菽位，又以减第四行及右行菽位，不足减乃止；次以右行减第二行头位，不足减乃止；次以第二行去右行头位，次以左行去右行头位；余，上得六，下得五，是为荅六当黍五；次以左行去右行荅位，余，约之,上为二,下为一;次以右行去第二行下位,以第二行去第四行下位,又以减左行下位;次,左行去第二行下位,余,上得三,下得四,是为麦三当菽四;次以第二行减第四行下位;次以第四行去第二行下位;余,上得四,下得七,是为麻四当麦七。是为相当之率举矣。据麻四当麦七,即麻价率七而麦价率四;又麦三当菽四,即为麦价率四而菽价率三;又菽五当荅三,即为菽价率三而荅价率五;又荅六当黍五,即为荅价率五而黍价率六;而率通矣。更置第三行,以第四行减之,余有麻一斗,菽四斗正,荅三斗负,下实四正。求其同为麻之数,以菽率三、荅率五各乘其斗数,如麻率七而一,菽得一斗七分斗之五正,荅得二斗七分斗之一负。则菽、荅化为麻。以并之,令同名相从,异名相消,余得定麻七分斗之四,以为法。置四为实,而分母乘之,实得二十八,而分子化为法矣以法除得七,即麻一斗之价。置麦率四、菽率三、荅率五、黍率六,皆以麻乘之,各自为实。以麻率七为法。所得即各为价。亦可使置本行实与物同通之,各以本率今有之,求其本率所得。并,以为法。如此,即无正负之异矣,择异同而已。

又可以一术为之。置五行通率,为麻七、麦四、菽三、荅五、黍六,以为列衰。成行麻一斗,菽四斗正,荅三斗负,各以其率乘之。讫,令同名相从,异名相消,余为法。又置下实乘列衰,所得各为实。此可以置约法,则不复乘列衰,各以列衰为价。如此则凡用一百二十四算也。

原文翻译

【14】现有种白禾 2（平方）步，青禾 3（平方）步，黄禾 4（平方）步，黑禾 5（平方）步，它们所结粮食都不满 1 斗。若白禾加青禾、黄禾各 1（平方）步，青禾加黄禾、黑禾各 1（平方）步，黄禾加黑禾、白禾各 1（平方）步，黑禾加白禾、青禾各 1（平方）步，它们所结粮食都满 1 斗。问：种白、青、黄、黑禾 1（平方）步所结的粮食各有多少？答：白禾 $\frac{33}{111}$ 斗，青禾 $\frac{28}{111}$ 斗，黄禾 $\frac{17}{111}$ 斗，黑禾 $\frac{10}{111}$ 斗。

算法：按照方程算法。分别列出所取的数。用正负算法求解。

【15】现有甲等禾 2 捆，乙等禾 3 捆，丙等禾 4 捆，它们的重量都超过 1 石。2 捆甲等禾超过 1 石的重量和 1 捆乙等禾的重量相等，3 捆乙等禾超过 1 石的重量和 1 捆丙等禾的重量相等，4 捆丙等禾超过 1 石的重量和 1 捆甲等禾的重量相等。问：甲、乙、丙等禾 1 捆各重多少？答：甲等禾 1 捆重 $\frac{17}{23}$ 石，乙等禾 1 捆重 $\frac{11}{23}$ 石，丙等禾 1 捆重 $\frac{10}{23}$ 石。

算法：按照方程算法。将物品重量超过 1 石所相当的部分为负数。运用正负算法求解。

【16】现有县令 1 人，小吏 5 人，随从 10 人，共吃鸡 10 只；县令 10 人，小吏 1 人，随从 5 人，共吃鸡 8 只；县令 5 人，小吏 10 人，随从 1 人，共吃鸡 6 只。问：县令、小吏、随从各吃鸡多少？答：县令 1 人吃鸡 $\frac{45}{122}$ 只，小吏 1 人吃鸡 $\frac{41}{122}$ 只，随从 1 人吃鸡 $\frac{97}{122}$ 只。

算法：按照方程算法。运用正负算法求解。

【17】现有羊5头,狗4条,鸡3只,兔2只,价值1 496钱;羊4头,狗2条,鸡6只,兔3只,价值1 175钱;羊3头,狗1条,鸡7只,兔5只,价值958钱;羊2头,狗3条,鸡5只,兔1只,价值861钱。问:羊、狗、鸡、兔各价值多少钱?答:羊1头价值177钱,狗1条价值121钱,鸡1只价值23钱,兔1只价值29钱。

算法: 按照方程算法。运用正负算法求解。

【18】现有麻9斗、麦7斗、菽3斗、荅2斗、黍5斗,价值140钱;麻7斗、麦6斗、菽4斗、荅5斗、黍3斗,价值128钱;麻3斗、麦5斗、菽7斗、荅6斗、黍4斗,价值116钱;麻2斗、麦5斗、菽3斗、荅9斗、黍4斗,价值112钱;麻1斗、麦3斗、菽2斗、荅8斗、黍5斗,价值95钱。问:它们1斗各值多少?答:麻1斗值7钱,麦1斗值4钱,菽1斗值3钱,荅1斗值5钱,黍1斗值6钱。

算法: 按照方程算法。运用正负算法求解。

注解

与"均输"卷的"重衰术"和"少广"卷的"积分术"一样,在方程这一卷的末尾,《九章算术》给出了含有五个物的"大题"。借此机会,刘徽谈了自己数学研究的心得和方法论。首先是对了复杂问题的计算,他指出,虽有现成的算法,但若只是按部就班地求解,便是钻入了"死胡同"。真正好的做法是像"庖丁解牛"那样分析问题,灵活运用工具,这样不仅解题简洁、不易犯错,更能使(数学)工具历久弥新。随后刘徽谈到,学习《九章算术》不应该囿于《九章算术》本身,还应该根据更多的实际问题进行设计和推广。从下面为方程所设计的新算法来看,至少对《九章算术》各卷而言,刘徽的研究绝不是孤立的。

方程新算法：前面已经提到，方程算法的关键在于不断进行"程"之间的运算，消去（除某一行外的）"行首"，减少每一"程"中的"物数"，直到只剩下一物一实可以相除为止。同样运用"程"之间的运算，刘徽提出了一种新的思路，即先消去（除了某一行外，）每一"程"中的实，直到每行只剩下两物。这样就能得到所剩下两物的比值。如此求得各个物之间的比值，再考虑任意一"程"，以某一物为标准，将这一"程"中的其他物按与标准物的比值转化为标准物，这样问题就转化成为"粟米"卷中可以用"今有"算法求解的情形，有分数的情况先通分即可。还可以用"衰分"卷中的算法来计算：将上面求得各物之间的比值列成"列衰"，任取一"程"，将其中各物数和"列衰"中对应的数相乘求和，作为"法"，以这一"程"中各物的数为"实"，两者相除。所得的商和物在列衰中的比率相乘，就得到各物所求。

刘徽以【18】为例说明了他的新算法，此处也以图示（图8-6至图8-11）略加说明。首先列出方程如下：

	左	四	三	二	右
麻	1	2	3	7	9
麦	3	5	5	6	7
菽	2	3	7	4	3
荅	8	9	6	5	2
黍	5	4	4	3	5
实	95	112	116	128	140

图8-6

我们按照刘徽的新算法，不"消行首"，而是先设法"消实"，比如先以左行减各行，来减小各行的实，再辗转相消：左行减2倍右行，所得左行约去5，得新左行；右行减去2倍行四，得新右行；行二减2倍行四，得新行二；行三减行四，得新行三；行四减4倍行三，得新行四；行三减右行，得新行三。结果如图8-7所示。

$$
\begin{array}{ccccc}
1 & 1 & 2 & 6 & 8 \\
3 & 2 & 2 & 3 & 4 \\
2 & 1 & 5 & 2 & 1 \\
8 & 1 & -2 & -3 & -6 \\
5 & -1 & -1 & -2 & 0 \\
95 & 17 & 21 & 33 & 45
\end{array}
\longrightarrow
\begin{array}{ccccc}
-3 & -3 & -3 & -4 & 4 \\
-1 & 2 & 0 & 1 & 0 \\
0 & -15 & 13 & 0 & -9 \\
4 & 13 & -1 & 5 & -2 \\
1 & -1 & -2 & 0 & 2 \\
1 & 1 & 1 & 1 & 3
\end{array}
$$

图8-7

以左行消其他诸行下实得如图8-8。

$$
\begin{array}{ccccc}
-3 & 0 & 0 & -1 & 13 \\
-1 & 3 & 1 & 2 & 3 \\
0 & -15 & 13 & 0 & -9 \\
4 & 9 & -5 & 1 & -14 \\
1 & -2 & -3 & -1 & 1 \\
1 & 0 & 0 & 0 & 0
\end{array}
$$

图8-8

再以行二消右行、行三、行四黍数,得如图8-9。

$$
\begin{array}{ccccc}
-3 & 2 & 3 & -1 & 14 \\
-1 & -1 & -5 & 2 & 1 \\
0 & -15 & 13 & 0 & -9 \\
4 & 7 & -8 & 1 & -15 \\
1 & 0 & 0 & -1 & 0 \\
1 & 0 & 0 & 0 & 0
\end{array}
$$

图8-9

再以右行消行三、行四麦,得如图8-10。

$$
\begin{array}{rrrrr}
-3 & 16 & 73 & -1 & 14 \\
-1 & 0 & 0 & 2 & 1 \\
0 & -24 & -32 & 0 & -9 \\
4 & -8 & -83 & 1 & -15 \\
1 & 0 & 0 & -1 & 0 \\
1 & 0 & 0 & 0 & 0
\end{array}
$$

图 8 - 10

以行四消行三荅,约分结果如下图 8 - 11。

$$
\begin{array}{rrrr}
-3 & 2 & -3 & -1 & 14 \\
-1 & 0 & 0 & 2 & 1 \\
0 & -3 & 7 & 0 & -9 \\
4 & -1 & 0 & 1 & -15 \\
1 & 0 & 0 & -1 & 0 \\
1 & 0 & 0 & 0 & 0
\end{array}
$$

图 8 - 11

现在行三只剩下菽和荅,它们的比率为 7 : 3。同样的算法,可以求得麻、麦、菽、荅、黍的比率为:7、4、3、5、6。按刘徽注,接下来可以用今有术或者"其一"(另一种)算法计算。用今有术,我们考虑最初的左行,以麻为参照,将麦 $=\frac{4}{7}$ 麻,菽 $=\frac{3}{7}$ 麻,荅 $=\frac{5}{7}$ 麻,黍 $=\frac{6}{7}$ 麻代入,得 $\frac{95}{7}$ 麻为 95 钱,故麻 1 斗 7 钱。再用"衰分"算法,将各物比率列成"列衰",同样取左行,列成两行如图 8 - 12 步骤一所示。然后将对应的物数与率相乘,所得求和得 95,作为"法"备用,如图 8 - 12 步骤二所示。再以下实乘列衰中各率,所得结果分别作为各物的"实"备用,如图 8 - 12 步骤三所示。最后各自的"实"分别除以"法"95,所得的结果便是各物的价值,如图 8 - 12 步骤四所示。

若按今天的说法,"衰分"算法便是已知各物价值比为 7 : 4 : 3 : 5 : 6,

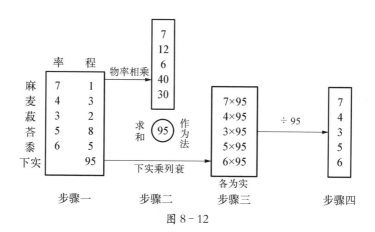

图 8 - 12

设麻、麦、菽、荅、黍分别为 $7x$、$4x$、$3x$、$5x$、$6x$，代入"方程"中求 x，分别乘比值求解。这里的间接未知数 x，便是各物价值的公共单位一。

卷九 勾股

勾 股[壹]

[壹] 以御高深广远。

注解

"勾股"一卷，用来处理不能直接测量的高度、深度、长度、距离问题。

【一】今有勾三尺，股四尺，问：为弦几何？答曰：五尺。

【二】今有弦五尺，勾三尺，问：为股几何？答曰：四尺。

【三】今有股四尺，弦五尺，问：为勾几何？答曰：三尺。

勾股[贰]**术曰**：勾、股各自乘，并，而开方除之，即弦[叁]。又，股自乘，以减弦自乘。其余，开方除之，即勾。又，勾自乘，以减弦自乘。其余，开方除之，即股[肆]。

〔贰〕短面曰勾,长面曰股,相与结角曰弦。勾短其股,股短其弦。将以施于诸率,故先具此术以见其源也。

〔叁〕勾自乘为朱方,股自乘为青方。令出入相补,各从其类,因就其余不移动也,合成弦方之幂。开方除之,即弦也。

〔肆〕勾、股幂合以成弦幂,令去其一,则余在者皆可得而知之。

原文翻译

【1】现有直角三角形勾长 3 尺,股长 4 尺,问:其弦长是多少?答:5 尺。

【2】现有直角三角形弦长 5 尺,勾长 3 尺,问:其股长是多少?答:4 尺。

【3】现有直角三角形股长 4 尺,弦长 5 尺,问:其勾长是多少?答:3 尺。

勾股算法:勾、股各自乘,相加而后开平方,即得弦长。弦自乘减去股自乘,所得差开平方,即得勾长。弦自乘减去勾自乘,所得差开平方,即得股长。

注解

"勾股"卷的核心是勾股定理。《九章算术》关于勾股定理的证明和应用是中国古代数学最伟大的成就之一,也是《九章算术》中最广为人知的部分之一。古代将直角三角形短直角边称为"勾",长直角边称为"股",斜边称为"弦",如图 9-1 所示。

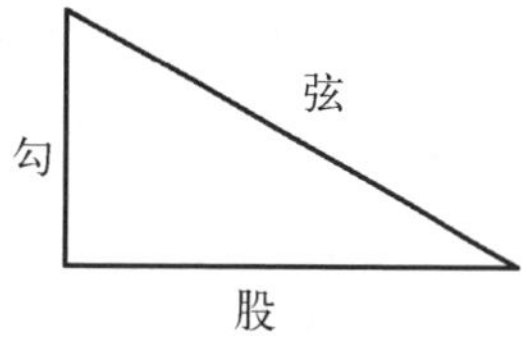

勾股定理说的是,直角三角形的三边长度

图 9-1

满足代数关系：勾^2 + 股^2 = 弦^2，这在西方被称为毕达哥拉斯定理(Pythagoras Theorem)。

刘徽在《九章算术》注中使用割补法(出入相补)证明了勾股定理。[1]如图 9-2(1)，用 8 个完全相同的直角三角形和 1 个以直角三角形勾股差为边长的小正方形拼合成 1 个以直角三角形勾股和为边长的大正方形。和"商功"卷中一样，我们以不同颜色来标记几何体不同的部分，如图 9-2(2)，我们在大正方形的下半部分作以勾为边长的红色正方形(勾方正方形)和以股为边长的青色正方形(股方正方形)。如图 9-2(3)，将三角形 ABC 移到三角形 AB′C′，三角形 CDE 移到三角形 C′D′E，显然，红色和青色恰好填满了中央以弦为边长的斜置正方形(弦方正方形)。由此即证明了勾股定理。值得指出的是，刘徽的证明适用于所有的直角三角形，而并非只针对通常所熟悉的"勾三股四弦五"的特殊情形。特别的，当知道直角三角形勾、股、弦中的任意两者，可以通过勾股定理求第三者。

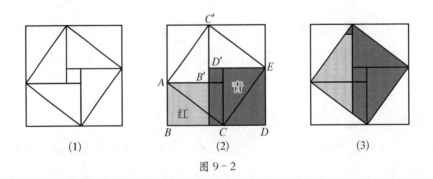

图 9-2

刘徽在后文注释[陆]的后半部分中用图示进一步说明了勾、股、弦三者之间的关系，为了叙述的连贯，我们将它提前到这里。如图 9-3，将

---

1   由于刘徽的文字说明过于简练，历来对其具体的证明说法不一，这里只是采用了一种比较方便的做法。

图9-2(2)中的勾方正方形放入中央弦方正方形中,弦方正方形被分为1个勾方正方形和1个矩尺形。由勾股定理,矩尺形的面积等于股方,刘徽将其称之为股幂之矩。另一方面,由图9-3易见,股幂之矩的面积等于勾弦差乘勾弦和,所以我们有

$$（弦－勾）\times（弦＋勾）＝股^2。 \qquad ①$$

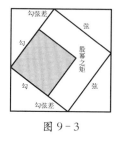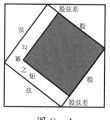

图9-3　　　　　　　图9-4

同理,如图9-4,将图9-2(2)中的股方正方形放入中央弦方正方形中,弦方正方形被分为1个股方正方形和1个矩尺形。由勾股定理,这个矩尺形的面积等于勾方,刘徽将其称之为勾幂之矩。另一方面,由图9-4易见,勾幂之矩的面积等于股弦差乘股弦和,所以我们有

$$（弦－股）\times（弦＋股）＝勾^2。 \qquad ②$$

①②两个公式将为接下来的解题带来很多方便。

【四】今有圆材,径二尺五寸。欲为方版,令厚七寸,问:广几何? 答曰:二尺四寸。

术曰:令径二尺五寸自乘,以七寸自乘,减之。其余,开方除之,即广[伍]。

〔**伍**〕此以圆径二尺五寸为弦,版厚七寸为勾,所求广为股也。

原文翻译

【4】现有一圆柱形木材,其直径为 2 尺 5 寸,想要做成方板,使其厚为 7 寸。问:板的宽度为多少? 答:2 尺 4 寸。

算法:令直径 2 尺 5 寸自乘,减去 7 寸自乘,结果开平方,即得板宽。

注解

如图 9-5,直径 2 尺 5 寸为弦,板厚 7 寸为勾,所求板宽为股,用勾股定理即可得出结果。

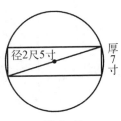

图 9-5

【**五**】今有木长二丈,围之三尺。葛生其下,缠木七周,上与木齐。问:葛长几何? 答曰:二丈九尺。

术曰:以七周乘围为股,木长为勾,为之求弦。弦者,葛之长[陆]。

〔**陆**〕据围广,求从为木长者,其形葛卷裹褁。以笔管青线宛转有似葛之缠木,解而观之,则每周之间自有相间成勾股弦。则其间葛青七弦。周乘三围,并合众勾以为一勾;木长而股短。术云木长谓之股,言之倒。勾与股求弦亦如图。弦之自乘幂出上第一图。勾、股幂合为弦幂,明矣。然二幂之数谓倒在于弦幂之中而已。可更相表里，居里者则成方幂，其居表者则成矩幂。二表里形诡而数均。又按此图，勾幂之矩青，卷白表，是其幂以股弦差为广，股弦并为袤，而股幂方其里。股幂之矩青，卷白表，是其幂以勾弦差为广，勾弦并为袤，而勾幂方其里。是故差之与并用除之，短、长互相乘也。

原文翻译

【5】现有圆木高2丈，横截面周长为3尺。葛生在圆木底部，环圆木而上，绕了7周刚好到达圆木顶端。问：葛长多少？答：2丈9尺。

　　算法：以周数7乘周长（3尺）作为股，圆木高作为勾，由此求得弦长。所得弦长即为葛长。

注解

　　如图9-6，设圆木为圆柱体，青色曲线为葛，从圆木红色法线与底边交点处开始盘旋往上，每次触碰红色法线即为绕木一周。将圆周侧面展开，葛每次绕木一周便得到以红色短边为勾、圆底周长为股、青色一边为弦的小直角三角形。进一步考虑展开得到的大直角三角形，其弦长即为葛长，大股为7个底面圆周长之和，大勾即为木高。用勾股定理容易求得弦长。

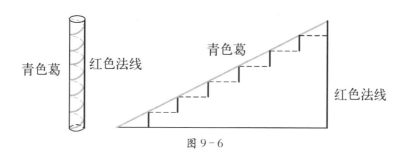

图9-6

【六】今有池方一丈,葭生其中央,出水一尺。引葭赴岸,适与岸齐。问:水深、葭长各几何? 答曰:水深一丈二尺。葭长一丈三尺。

术曰:半池方自乘[柒],以出水一尺自乘,减之[捌]。余,倍出水除之,即得水深[玖]。加出水数,得葭长。

[柒] 此以池方半之,得五尺为勾;水深为股;葭长为弦。以勾及股弦差见股、弦,故令勾自乘,先见矩幂也。

[捌] 出水者,股弦差。减此差幂于矩幂则除之。

[玖] 差为矩幂之广,水深是股。令此幂得出水一尺为长,故为矩而得葭长也。

原文翻译

【6】现有一正方形水池,边长为 1 丈,葭生长在它的正中央,露出水面的部分长 1 尺。将葭向池岸牵引,恰好与水岸齐平。问:水深、葭长各是多少? 答:水深 1 丈 2 尺,葭长 1 丈 3 尺。

算法:取水池边长的一半,自乘,结果减去葭露出水面的长度的平方,所得的差除以 2 倍的葭露出水面的长度,即得水深。水深加葭露出水面的长度,即为葭长。

注解

如图 9-7,以半池长为勾,水深为股,葭长为弦,葭露出水面的 1 尺即为股弦差。由前面②式

$$（弦-股）×（弦-股+2股）=勾^2,$$

或者由图 9-8 可知:股×（弦-股）×2=勾^2-（弦-股）^{2}。如此解释了上面的算法。

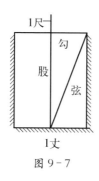

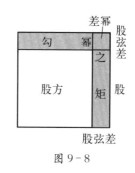

图 9-7　　　　　　　　　　　图 9-8

【七】今有立木，系索其末，委地三尺。引索却行，去本八尺而索尽。问：索长几何？答曰：一丈二尺六分尺之一。

术曰：以去本自乘〔壹拾〕，令如委数而一〔壹拾壹〕。所得，加委地数而半之，即索长〔壹拾贰〕。

【八】今有垣高一丈，倚木于垣，上与垣齐。引木却行一尺，其木至地。问：木长几何？答曰：五丈五寸。

术曰：以垣高一十尺自乘，如却行尺数而一。所得，以加却行尺数而半之，即木长数〔壹拾叁〕。

〔壹拾〕此以去本八尺为勾，所求索者，弦也。引而索尽、开门去阃(kǔn)者，勾及股弦差，同一术。去本自乘者，先张矩幂。

〔壹拾壹〕委地者，股弦差也。以除矩幂，即是股弦并也。

〔壹拾贰〕子不可半者，倍其母。加差者并，则两长。故又半之。其减差者并，而半之，得木长也。

〔壹拾叁〕此以垣高一丈为勾，所求倚木者为弦，引却行一尺为股弦差。为术之意与系索问同也。

原文翻译

【7】现有一木杆竖直而立,将绳索系在它的顶端,绳索顺杆而下后委弃于地面的部分长3尺。牵引绳索退行,到与木杆根部相距8尺处绳索刚好用尽(意为绳索刚好绷紧,不能继续拉伸)。问:绳索长多少? 答:

1 丈 $2\dfrac{1}{6}$ 尺。

算法: 到木杆根部的(退行)距离8尺自乘,除以委地之数3尺。所得结果加委地数,两者的和除以2,即得绳索长。

【8】现有城墙高1丈。木杆斜靠在墙上,杆的上端与墙顶齐平。牵引木杆下端退行1尺,此时木杆刚好滑落到地面。问:木杆长多少? 答:5丈5寸。

算法: 用墙高尺数10尺自乘,除以退行尺数,所得之数加上退行尺数,再除以2,即得木杆长。

注解

【7】【8】两题的解法是一样的。以【7】为例,如图9-9,以拉直后绳索一端到木杆根部的距离8尺为勾,木杆高为股,绳长为弦,则股弦差为3尺。由②式,勾幂除以股弦差即为股弦和。股弦差和股弦和相加除以2就得到弦长。

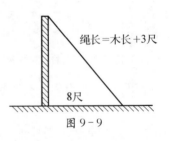

绳长=木长+3尺

8尺

图9-9

【九】今有圆材埋在壁中,不知大小。以锯锯之,深一寸,锯道长一尺。问:径几何? 答曰:材径二尺六寸。

术曰: 半锯道自乘[壹拾肆],如深寸而一,以深寸增之,即材径〔壹拾伍〕。

〔壹拾肆〕此术以锯道一尺为勾，材径为弦，锯深一寸为股弦差之一半。锯道长是半也。

〔壹拾伍〕亦以半增之。如上术去本当半之，今此皆同半，故不复半也。

原文翻译

【9】现有圆柱形木材埋在墙壁之中，不知其尺寸大小。用锯子去锯木材，锯口深1寸，锯道长1尺。问：圆木直径是多少？答：圆木直径为2尺6寸。

算法：锯道长的一半自乘，除以锯深，所得的商加锯深，即为圆木直径。

注解

如图9-10，以圆木半径为弦，锯道长的一半为勾，圆木圆心到锯道中点处的长度为股，则锯口深1寸即为股弦差。这样求半径的方法就和【7】完全一样了。但因为所求的是直径，所以不用像【7】那样除以2。

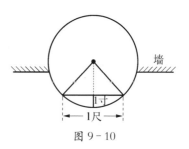

图9-10

【一〇】今有开门去阃一尺，不合二寸。问：门广几何？答曰：一丈一寸。

术曰：以去阃一尺自乘。所得，以不合二寸半之而一。所得,增不合之半,即得门广〔壹拾陆〕。

〔壹拾陆〕此去闑一尺为勾,半门广为弦,不合二寸,以半之,得一寸为股弦差,求弦,故当半之。今次以两弦为广数,故不复半之也。

原文翻译

【10】推开双门,门框下沿最远处距门槛 1 尺,两扇门之间的间隙为 2 寸。问:门宽为多少? 答:1 丈 1 寸。

算法: 以门下沿最远处与门槛的距离自乘,所得之数除以两扇门间隙的一半,所得之商加上两门间隙的一半,即为门宽。

注解

开门后的俯视图如图 9-11 所示。令"去闑"1 尺为勾,一扇门的宽度为

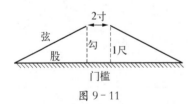

图 9-11

弦,则两扇门之间间隙的一半为股弦差。这样求一扇门的宽度即为求弦长,方法与【7】完全一致。但门宽是指两扇门的宽度之和,所以不用像【7】那样除以 2。

【一一】今有户高多于广六尺八寸,两隅相去适一丈。问:户高、广各几何? 答曰:广二尺八寸,高九尺六寸。

术曰: 令一丈自乘为实。半相多,令自乘,倍之,减实。半其余,以开方除之。所得,减相多之半,即户广;加相多之半,即户高〔壹拾柒〕。

〔壹拾柒〕令户广为勾,高为股,两隅相去一丈为弦,高多于广六尺八寸为勾股差。按图为位,弦幂适满万寸。倍之,减勾股差幂,开方除之,其所得即高广并数。以差减并而半之,即户广。加相多之数,即户高也。今此术先求其半。一丈自乘为朱幂四、黄幂一。半差自乘,又倍之,为黄幂四分之二,减实,半其余,有朱幂二、黄幂四分之一。其于大方者四分之一。故开方除之,得高广并数半。减差半,得广;加,得户高。又按此图幂:勾股相并幂而加其差幂,亦减弦幂,为积。盖先见其弦,然后知其勾与股。今适等,自乘,亦各为方,合为弦幂。令半相多而自乘,倍之,又半并自乘,倍之,亦合为弦幂。而差数无者,此各自乘之,而与相乘数,各为门实。及股长勾短,同源而分流焉。假令勾、股各五,弦幂五十,开方除之,得七尺,有余一,不尽。假令弦十,其幂有百,半之为勾、股二幂,各得五十,当亦不可开。故曰:圆三、径一,方五、斜七,虽不正得尽理,亦可言相近耳。其勾股合而自相乘之幂者,令弦自乘,倍之,为两弦幂,以减之,其余,开方除之,为勾股差。加于合而半,为股;减差于合而半之,为勾。勾、股、弦即高、广、邪。其出此图也,其倍弦为衰。令矩勾即为幂,得广即勾股差。其矩勾之幂,倍勾为从法,开之亦勾股差。以勾股差幂减弦幂,半其余,差为从法,开方除之,即勾也。

原文翻译

【11】已知门高比门宽多6尺8寸,两对角相距正好1丈。问:门高、门宽各是多少? 答:门宽2尺8寸,门高9尺6寸。

算法: 对角线 1 丈自乘,记为"实"。取门高比门宽多的尺寸的一半 3 尺 4 寸,令它自乘,再乘 2,去减"实"。所得结果除以 2,然后开平方。所得结果减去门高比门宽多的尺寸的一半,就得到门宽;再加上门高比门宽多的尺寸的一半,就得到门高。

注解

如图 9-12,以门宽为勾,门高为股,门对角线为弦,则弦长 1 丈而勾股差为 6 尺 8 寸。

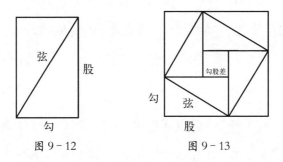

图 9-12   图 9-13

考虑图 9-13,弦平方的 2 倍是大正方形的面积多出中间以勾股差为边长的小正方形面积,所以 2 倍的弦平方减去勾股差的平方,结果开方后便是"勾股并",即勾股长度之和。这里算法前半部分到开方为止,所得的结果便是勾股并的一半。所以其加上勾股差的一半就得到股长,即门高;减去勾股差的一半就得到勾长,即门宽。

利用图 9-13,刘徽还讨论了正方形对角线的问题。事实上,考虑中间的斜正方形,它的面积等于中心小正方形和四个直角三角形的面积和,即有

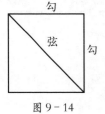

图 9-14

$$勾^2 + 股^2 = 弦^2 = 2\,勾 \times 股 + (股 - 勾)^2。$$

若勾、股相等,便有 $弦^2 = 2\,勾^2$,于是可以看作图 9-14。已知正方形边长,求对角线长度。特别地,若正方形边

长为5,那么其对角线为50开方,近似得7。所以,中国古代算术有"周三径一,方五斜七"的近似说法。

【一二】[1]今有户不知高广,竿不知长短。横之不出四尺;从之不出二尺;邪之适出。问:户高、广、袤各几何? 答曰:广六尺;高八尺;袤一丈。

术曰:从、横不出相乘,倍而开方除之。所得,加从不出即户广[壹拾捌];加横不出即户高;两不出加之,得户袤。

〔壹拾捌〕此以户广为勾,户高为股,户袤为弦。凡勾之在股,或矩于表,或方于里。连之者举表矩而端之。又从勾方里令为青矩之表,未满黄方;满此方则两端之邪重于隔中;各以股弦差为广,勾弦差为袤。故两差相乘,又倍之,则成黄方之幂。开方除之,得黄方之面。其外之青矩亦以股弦差为广,故以股弦差加之,则为勾也。

原文翻译

【12】有一扇门,高和宽未知,有一竹竿,长短未知。横着放,竹竿比门宽多出4尺;竖着放,竹竿比门高出2尺;斜着放,竹竿正好与对角线等长。问:门高、门宽、对角线长各是多少? 答:门高8尺,门宽6尺,对角线长1丈。

---

1 很多版本中此题为"勾股"章最后一题。这里采用的是李继闵《九章算术导读与译注》的版本。

算法：竹竿比门宽多出的 4 尺，乘竹竿比门高出的 2 尺，所得之积乘 2，开平方。所得结果，加上竹竿比门宽多出的 4 尺，即为门宽；加上竹竿比门高出的 2 尺，即为门高；同时加上两者，即为对角线长。

注解

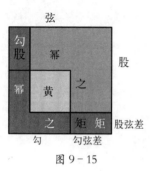

图 9-15

以门宽为勾，门高为股，门对角线为弦，则勾弦差为 4 尺，股弦差为 2 尺。考虑勾弦差，即勾与弦的关系，有两个基本图形：如图 9-3，将勾幂放在弦幂之内；或如图 9-4，将勾幂作为勾幂之矩放在弦幂之内。对股弦差可作类似处理。现同时考虑勾弦差和股弦差，将两图放在一起，即有图 9-15。

由关系式"弦^2 = 勾^2 + 股^2 = 勾幂之矩 + 股幂之矩"，可以得出，图 9-15 中央黄色小正方形的面积等于两个角落的长方形面积之和，而后者面积即为 2 倍的勾弦差乘股弦差。黄色小正方形的边长加上股弦差，即为勾长；加上勾弦差，即为股长。如此便解释了本题的算法。

【一三】今有竹高一丈，末折抵地，去本三尺。问：折者高几何？答曰：四尺二十分尺之一十一。

术曰：以去本自乘[壹拾玖]，令如高而一[贰拾]。所得，以减竹高而半余，即折者之高也[贰拾壹]。

〔壹拾玖〕此去本三尺为勾，折之余高为股，以先令勾自乘之幂。

〔贰拾〕凡为高一丈为股弦并，以除此幂得差。

〔贰拾壹〕此术与系索之类，更相反覆也。亦可如上术，令高自乘为股弦并幂，去本自乘为矩幂，减之，余为实。倍高为法，则得折之高数也。

原文翻译

【13】现有竹高 1 丈，被折断使得竹梢搭到地面，与竹根部的距离为 3 尺。问：折断处有多高？答：$4\frac{11}{20}$尺。

算法：竹梢到竹根部的距离自乘，除以竹高，再用竹高减所得结果，得到的差除以 2，即为折断处的高度。

注解

令竹梢到竹根部的距离 3 尺为勾，竹根部到折断处的距离为股，折断处到竹梢的距离为弦，则竹高 1 丈为股弦并。由②式，勾幂除以股弦并即得股弦差，股弦并减股弦差，结果除以 2 即得股长。

【一四】今有二人同所立，甲行率七，乙行率三。乙东行，甲南行十步而斜东北与乙会。问：甲、乙行各几何？答曰：乙东行一十步半，甲斜行一十四步半及之。

术曰：令七自乘，三亦自乘，并而半之，以为甲斜行率。斜行率减于七自乘，余为南行率。以三乘七为乙东行率〔贰拾贰〕。置南行十步，以甲斜行率乘之；副置十步，以乙东行率乘之；各自为实。实如南行率而一，各得行数〔贰拾叁〕。

〔贰拾贰〕此以南行为勾,东行为股,斜行为弦,并勾弦率七。欲引者,当以股率自乘为幂,如并而一,所得为勾弦差率。加并之半为弦率,以差率减,余为勾率。如是或有分,当通而约之乃定。术以同使无分母,故令勾弦并自乘为朱、黄相连之方。股自乘为青幂之矩,以勾弦并为衰,差为广。今有相引之直,加损同上。其图大体以两弦为衰,勾弦并为广。引黄断其半为弦率。列用率七自乘者,勾弦并之率。故弦减之,余为勾率。同立处是中停也,皆勾弦并为率,故亦以勾率同其衰也。

〔贰拾叁〕南行十步者,所有见勾求见弦、股,故以弦、股率乘,如勾率而一。

原文翻译

【14】甲、乙二人从同一点同时出发,两人速度比率是7∶3。乙向东走,甲向南走10步后,斜向东北方行走至恰好与乙会合。问:甲、乙的行程各是多少?答:乙向东走了$10\frac{1}{2}$步,甲斜向东北走了$14\frac{1}{2}$步追上乙。

算法:令7自乘,3也自乘,两数相加再除以2,所得之数作为"甲斜行率"。以7自乘的结果减甲斜行率,所得之差作为"南行率"。用3乘7作为"乙东行率"。以甲南行步数10,乘"甲斜行率",再以步数10,乘"乙东行率",分别作为"实";以"南行率"作为"法",分别除"实",即得到甲、乙二人各自行走的步数。

注解

如图9-16,以甲南行路程为勾,乙东行路程为股,甲斜行路程为弦,因为甲、乙二人速度的比率为7∶3,所以到两人相遇,股率3,勾弦并率

7。最直接的办法是使用①式,得到勾弦差率 $\frac{9}{7}$,于是弦率 $\frac{1}{2}\left(7+\frac{9}{7}\right)=$ $\frac{29}{7}$,勾率 $\frac{20}{7}$。因为勾长 10 步,由今有术,得弦长 $\frac{29}{2}$ 步,股长 $\frac{21}{2}$ 步。但是正如刘徽所指出的,这样计算会产生分数,《九章算术》的算法最大限度地避免了这种情况。刘徽用图形解释了这一算法。

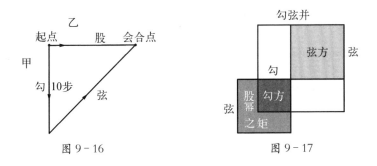

图 9-16　　　　　　　图 9-17

　　如图 9-17 用股幂之矩的面积表示股幂,拼上以勾弦并为边长的正方形,其面积除以 2,得到的“甲斜行率”便是图的上半部分,以勾弦并为长、弦为宽的长方形面积。再以勾弦并自乘减去甲斜行率,得到的“南行率”便是大正方形剩余部分,以勾弦并为长、勾为宽的长方形面积。最后用股乘勾弦并,得到的“乙东行率”便是以勾弦并为长、股为宽的长方形面积。于是,三者面积之比即为弦、勾、股之比。由勾长 10 步,用衰分算法或今有术即得所求结果。

【一五】今有勾五步,股十二步。问:勾中容方几何?答曰:方三步十七分步之九。

　　术曰:并勾、股为法,勾、股相乘为实。实如法而一,得方一步[贰拾肆]。

〔貳拾肆〕勾、股相乘为朱、青、黄幂各二。令黄幂衺于隔中，朱、青各以其类，令从其两径，共成修之幂：中方黄为广，并勾、股为衺。故并勾、股为法。幂图：方在勾中，则方之两廉各自成小勾股，而其相与之势不失本率也。勾面之小勾、股，股面之小勾、股各并为中率，令股为中率，并勾、股为率，据见勾五步而今有之，得中方也。复令勾为中率，以并勾、股为率，据见股十二步而今有之，则中方又可知。此则虽不效而法，实有法由生矣。下容圆率而似今有、衰分言之，可以见之也。

原文翻译

【15】已知勾长 5 步，股长 12 步。问：此直角三角形的内接正方形的边长是多少？答：边长为 $3\frac{9}{17}$ 步。

算法：勾、股相加作为"法"，勾、股相乘作为"实"，以"法"除"实"，即得内接正方形的边长。

注解

这个算法的解题思路仍然是图形的分割拼合。如图 9-18，考虑两个完全相同的直角三角形，带内接正方形，沿斜边拼成的长方形，其面积为勾乘股。按刘徽注，给图中不同部分分别标上红色、黄色和青色，将图形重新拼合，如图 9-19 所示。

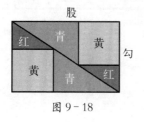

图 9-18

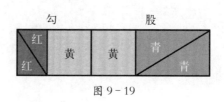

图 9-19

此时，新的长方形长为勾股并，宽为内接正方形边长。图形拼切面积不变，就有

$$内接正方形边长 = \frac{勾 \times 股}{勾 + 股}。$$

刘徽还给出了另一种比例的解法。如图 9-20，直角三角形的内接正方形分隔出了红色和青色的两个小直角三角形。刘徽断言，这两个小直角三角形的勾股之比都和原直角三角形的勾股之比相等，即所谓"其相与之势不失本率也"。而此时红色小股和青色小勾都等于内接正方形的边长，于是按照"粟米"卷中的今有术：令原三角形股长

图 9-20

12 为"所求率"，原三角形勾股之和为"所有数"，红色小三角形勾股和，等于原三角形勾长，为"所有率"。如此求出的"所求数"就是内接正方形的边长。

根据刘徽所提到的"幂图"，原文此处应该有图解证明了这一断言。这里我们参照李继闵援引宋代杨辉的图注，给出一个一般性的证明。[1]如

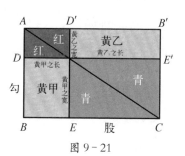

图 9-21

图 9-21，直角三角形 ABC 中内接长方形黄甲，上有红色小直角三角形，右有青色小直角三角形。沿长边中点旋转三角形 ABC 到 $AB'C$，延长黄甲之长和黄甲之宽，在三角形 $AB'C$ 内作出一个长方形黄乙，黄乙左接红色小直角三角形，下接青色小直角三角形。两个红色小三角形形状完全一样，两个青色小三角形形状完全一样。于是，黄甲和黄乙的面积都等于大直角三角形减去一个

1 李继闵《九章算术导读与译注》第九章题 15 注④。

红色、一个青色三角形,所以两者面积相等。进一步地,由两个红色三角形和黄甲组成的长方形面积等于由两个红色三角形和黄乙组成的长方形面积,即有

$$黄甲之长 \times 勾 = 黄乙之宽 \times 股。$$

同样地,进一步讨论可得:

$$\frac{勾}{股} = \frac{红勾}{红股} = \frac{青勾}{青股}。 \qquad ③$$

【一六】今有勾八步,股一十五步。问:勾中容圆,径几何?答曰:六步。

术曰:八步为勾,十五步为股,为之求弦。三位并之为法。以勾乘股,倍之为实。实如法,得径一步〔贰拾伍〕。

〔贰拾伍〕勾、股相乘为图本体,朱、青、黄幂各二。倍之,则为各四。可用画于小纸,分裁邪正之会,令颠倒相补,各以类合,成修幂:圆径为广,并勾、股、弦为袤。故并勾、股、弦以为法。又以圆大体言之,股中青必令立规于横广,勾、股又邪三径均。而复连规,从横量度勾、股,必合而成小方矣。又画中弦以规除会,则勾、股之面中央小勾股弦:勾之小股、股之小勾皆小方之面,皆圆径之半。其数故可衰。以勾、股、弦为列衰,副并为法。以勾乘未并者,各自为实。实如法而一,得勾面之小股可知也。以股乘列衰为实,则得股面之小勾可知。言虽异矣,

及其所以成法之实,则同归矣。则圆径又可以表之差并:勾弦差减股为圆径;又弦减勾股并,余为圆径;以勾弦差乘股弦差而倍之,开方除之,亦圆径也。

原文翻译

【16】已知勾长 8 步,股长 15 步。问:此直角三角形内切圆的直径是多少?答:6 步。

　　算法:用勾长 8 步,股长 15 步,求出对应的弦长。勾、股、弦三项相加作为"法";勾乘股,再乘 2 作为"实"。以"法"除"实",即得内切圆的直径。

注解

　　这个算法仍然沿袭了图形的重组思想。如图 9-22 左,和【15】一样,将两个相同的直角三角形对拼为长方形,从内切圆圆心分别向三角形三边作垂线,并连接圆心和两个非直角顶点,从而将三角形分为 5 部分,分别标上红、青、黄三色。重新拼接图形如图 9-22 右所示。

　　这是一个以内切圆半径为宽,勾、股、弦之和为长的长方形。因为分割拼合面积不变,所以

$$内切圆直径 = \frac{2\,勾 \times 股}{勾 + 股 + 弦}。$$

图 9-22

刘徽并没有局限于这一种方法,除了分割法之外,他还给出了其他几个方法,大致可以分为两个方向。

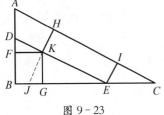

图 9-23

其一是利用比例(衰分)方法。承接刘徽在【15】注中的讨论,如图 9-23,过圆心作垂直于弦上半径(即平行于弦)的"中弦" DE,这样得到中间两个小直角三角形 DFK 和 KGE 分别称为勾面小三角和股面小三角,它们的勾、股、弦分别称为勾面小勾、小股、小弦和股面小勾、小股、小弦。以"中弦"为弦的直角三角形 BDE 称为中弦三角形。

反复使用③式,得勾面小三角形勾股比等于中弦三角形勾股比,又等于大三角形的勾股比。于是有列衰:

$$勾 : 股 : 弦 = 小勾 : 小股 : 小弦。$$

再如图 9-23,延长弦上半径交于股,得到股面上新的直角三角形 JKE,称为股面大三角。过股面小三角的一个顶点作弦的垂线 EI,得到顶角小直角三角形 EIC。由③式,顶角小三角形勾弦比等于股面大三角勾弦比,再由勾股定理,后者等于股小三角勾弦比。因为顶角小三角和股面小勾相等,所以顶角小三角弦等于股面小弦。于是又有

$$股 = 股面小勾 + 股面小股 + 股面小弦。$$

类似地,

$$勾 = 勾面小勾 + 勾面小股 + 勾面小弦。$$

进而用衰分算法可以得出所求的结果,如刘徽注,"以勾、股、弦为列衰,副并为法。以勾乘未并者,各自为实,实如法而一。"

其二是利用内切圆切点将三角形三边分割而成的线段的长度关系。

如图 9-24，线段长度 $AD=AE$，$BD=BF$，$CE=CF$，所以

圆半径＝勾－［弦－（股－圆半径）］，

即

圆直径＝勾＋股－弦。

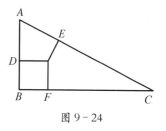

图 9-24

由此同样可以得到所求结果。可见，在追求机械式算法的同时，中国古代算学的思路是非常灵活的。

【一七】今有邑方二百步，各中开门。出东门一十五步有木。问：出南门几何步而见木？答曰：六百六十六步太半步。

术曰：出东门步数为法[贰拾陆]，半邑方自乘为实，实如法得一步[贰拾柒]。

〔贰拾陆〕以勾率为法也。

〔贰拾柒〕此以出东门十五步为勾率，东门南至隅一百步为股率，南门东至隅一百步为见勾步。欲以见勾求股，以为出南门数。正合半邑方自乘者，股率当乘见勾，此二者数同也。

原文翻译

【17】有一座方城，边长为200步，各方中央处开城门。出东门15步处有一棵树。问：出南门多少步恰能看见这棵树？答：$666\frac{2}{3}$ 步。

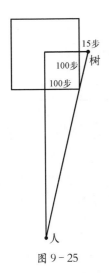

图 9-25

算法：以出东门步数为"法"，以方城边长的一半自乘作为"实"，以"法"除"实"，即得所求之步数。

注解

如图 9-25，以方城中心、树和见树的人三点构成一个直角三角形，城中心、东门、南门和城墙东南角恰好构成该三角形的内接正方形。由 ③ 式，

$$\frac{人出南门步数}{方城边长一半} = \frac{方城边长一半}{木出东门步数}，于是得算法。$$

【一八】今有邑东西七里，南北九里，各中开门。出东门一十五里有木。问：出南门几何步而见木？答曰：三百一十五步。

术曰：东门南至隅步数，以乘南门东至隅步数为实。以木去门步数为法。实如法而一〔贰拾捌〕。

〔贰拾捌〕此以东门南至隅四里半为勾率，出东门一十五里为股率，南门东至隅三里半为见股。所问出南门即见股之勾。为术之意，与上同也。

原文翻译

【18】有一座城，东西宽 7 里，南北长 9 里，各方中央处开城门。出东门 15 里有一棵树。问：出南门多少步恰能看见这棵树？答：315 步。

算法：用东门向南至城角的步数，乘南门向东至城角的步数作为"实"。以树距东门的步数作为"法"。以"法"除"实"，即得所求之步数。

注解

这一题的解法同【19】，由③式可得算法。

【一九】今有邑方不知大小，各中开门。出北门三十步有木，出西门七百五十步见木。问：邑方几何？答曰：一里。

术曰：令两出门步数相乘，因而四之，为实。开方除之，即得邑方[贰拾玖]。

[贰拾玖]按半邑方，令半方自乘，出门除之，即步。令二出门相乘，故为半方邑自乘，居一隅之积分。因而四之，即得四隅之积分。故为实，开方除，即邑方也。

原文翻译

【19】有一座方城，大小未知，各方中央开城门。出北门 30 步处有一棵树，出西门 750 步恰能看见这棵树。问：方城的边长是多少？答：1 里。

算法：将两个"出门步数"相乘，再乘 4，作为"实"。对"实"开平方，即得方城的边长。

注解

如图 9-26，以方城中心、树和见树的人三点构成一个直角三角形，城中心、北门、西门和城墙西北角恰好构成该三角形的内接正方形。由③式，

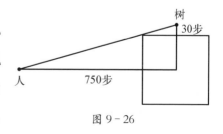

图 9-26

$$\frac{\text{人出西门步数}}{\text{方城边长一半}} = \frac{\text{方城边长一半}}{\text{木出北门步数}}，\text{于是得算法：}$$

$$\text{方城边长一半}^2 = \text{人出西门步数} \times \text{木出北门步数}。$$

【二〇】今有邑方不知大小，各中开门。出北门二十步有木，出南门一十四步，折而西行一千七百七十五步见木。问：邑方几何？答曰：二百五十步。

术曰：以出北门步数乘西行步数，倍之，为实[叁拾]。并出南、北门步数，为从法，开方除之，即邑方[叁拾壹]。

[叁拾] 此以折而西行为股，自木至邑南一十四步为勾，以出北门二十步为勾率，北门至西隅为股率，半广数。故以出北门乘折西行股，以股率乘勾之幂。然此幂居半，以西行。故又倍之，合东，尽之也。

[叁拾壹] 此术之幂，东西如邑方，南北自木尽邑南十四步之幂，各南北步为广，邑方为袤，故连两广为从法，并以为隅外之幂也。

原文翻译

【20】有一座方城，大小未知，各方中央开城门。出北门20步处有一棵树。出南门14步后转向西行1 775步，恰好能看见这棵树。问：方城的边长是多少？答：250步。

算法：树出北门步数乘西行步数，再乘2，作为"实"。出北门步数加上出南门步数作为"从法"，乘勾长开带从平方，即得方城的边长。

注解

如图 9–27，以树到出南门 14 步处的距离为勾，以西行 1 775 步为股，见到树的人和树的距离为弦。由③式，$\dfrac{树出北门步数}{城边长一半} = \dfrac{勾}{股}$，

所以

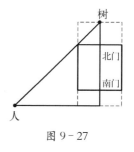

图 9–27

$$2 \times 树出北门步数 \times 西行步数 = 勾 \times 城边长。$$

而

$$勾 = 城边长 + 树出北门步数 + 人出南城步数 = 城边长 + 34。$$

于是得到带从平方：

$$(城边长 + 34) \times 城边长 = 2 \times 20 \times 1 775。$$

由"少广"卷中的开带从平方算法，即可解得城边长（具体计算见"少广"卷【16】）。从几何上看，这里"从法"34 乘城边长，即是图 9–27 中大长方形超出方城以外的面积。

【二一】今有邑方一十里，各中开门。甲、乙俱从邑中央而出：乙东出；甲南出，出门不知步数，邪向东北，磨邑隅，适与乙会。率：甲行五，乙行三。问：甲、乙行各几何？答曰：甲出南门八百步，邪东北行四千八百八十七步半，及乙。乙东行四千三百一十二步半。

术曰：令五自乘，三亦自乘，并而半之，为邪行率。邪行率

减于五自乘者,余为南行率。以三乘五为乙东行率[叁拾贰]。置邑方,半之,以南行率乘之,如东行率而一,即得出南门步数[叁拾叁]。以增邑方半,即南行[叁拾肆]。置南行步,求弦者,以邪行率乘之;求东行者,以东行率乘之,各自为实。实如法,南行率,得一步[叁拾伍]。

[叁拾贰] 求三率之意与上甲乙同。

[叁拾叁] 今半方,南门东至隅五里。半邑者,谓为小股也。求以为出南门步数。故置邑方,半之,以南行勾率乘之,如股率而一。

[叁拾肆] 半邑者,谓从邑心中停也。

[叁拾伍] 此术与上甲乙同。

原文翻译

【21】有一座方城,边长为 10 里,各方中央开城门。甲、乙二人同时从城中心出发。乙出东门直走;甲出南门,不知出门多少步后,斜向东北从城角擦过,且正好与乙会合。此时甲、乙二人所行路程比率为 5∶3。

问:甲、乙的行程各是多少? 答:甲出南门 800 步,斜向东北行 $4\,887\frac{1}{2}$ 步追上乙;乙向东行 $4\,312\frac{1}{2}$ 步。

算法:以甲南行里程为勾,乙东行里程为股,甲斜行里程为弦。由甲、乙所行路程比得到勾弦并和股的比值为 5∶3。令 5 自乘,3 也自乘,相加除以 2 作为斜行率。斜行率和 5 自乘的差,作为南行率。3 乘 5 作为乙东行率。取邑方的 $\frac{1}{2}$,乘南行率,即得"出南门"的步数。结果加"邑方"的一半,即得甲南行步数。已知南行步数,求弦长就乘斜行率;求东行步数就乘东行率,各自作为"实"。以南行率作为"法",以"法"除"实",得所求步数。

注解

　　如图9-28,采用和【14】一样的算法可以得到勾、股、弦的比值:令5自乘,3也自乘,两数相加除以2,作为斜行率。以5自乘,减去斜行率,所得结果为南行率。以3乘5,作为乙东行率。于是,勾、股、弦的比值为8∶15∶17。再由③式,以甲出南门步数为小勾,方城边长的一半为小股,甲从转折点到城东南角的步

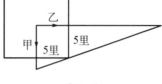

图9-28

数为小弦的小直角三角形三边之比也是8∶15∶17。因为方城边长一半为5里,所以由衰分算法就得到甲出南门步数800,从而得到勾长1 300步。再由勾股弦的衰分算法,得到所求的结果。

　　【二二】今有木去人不知远近。立四表,相去各一丈。令左两表与所望参相直。从后右表望之,入前右表三寸。问:木去人几何?答曰:三十三丈三尺三寸少半寸。

　　术曰:令一丈自乘为实,以三寸为法,实如法而一〔叁拾陆〕。

　　〔叁拾陆〕此以入前右表三寸为勾率,右两表相去一丈为股率,左右两表相去一丈为见勾。所问木去人者,见勾之股。股率当乘见勾,此二率俱一丈,故曰自乘之。以三寸为法。实如法得一寸。

原文翻译

【22】假设有树与人相距不知其远近。立 4 根标杆成边长为 1 丈的正方形。令左方两根标杆与树在一条直线上。从后右方的标杆观测目标,视线在前右侧标杆偏左 3 寸。问:树与人相距多远? 答:33 丈 3 尺 3 $\frac{1}{3}$ 寸。

算法: 令 1 丈自乘作为"实",以 3 寸作为"法",以"法"除"实",即为所求。

注解

如图 9-29,由③式,$\frac{右前后表距}{入表} = \frac{人去木}{左右后表距}$,用今有术即得解。

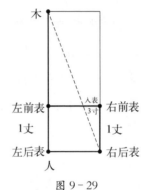

图 9-29

【二三】今有山居木西,不知其高。山去木五十三里,木高九丈五尺。人立木东三里,望木末适与山峰斜平。人目高七尺。问:山高几何? 答曰:一百六十四丈九尺六寸太半寸。

术曰: 置木高,减人目高七尺,余,以乘五十三里为实。以人去木三里为法。实如法而一。所得,加木高,即山高[叁拾柒]。

〔叁拾柒〕此术勾股之义。以木高减人目高七尺,余有八丈八尺,为勾率;去人目三里为股率;山去木五十三里为见股,以求勾。加木之高,故为山高也。

原文翻译

【23】树的西边有一座山，不知其高度。山与树相距 53 里，树高 9 丈 5 尺。人站在树的东边 3 里处，观察到树梢正好与山峰在一条斜线上。人眼的高度为 7 尺。问：山的高度是多少？答：164 丈 9 尺 $6\frac{2}{3}$ 寸。

算法：用树高减去人眼的高度 7 尺，所得的差乘山与树的距离 53 里作为"实"。以人与树的距离 3 里作为"法"。以"法"除"实"，所得结果加树高，即得山的高度。

注解

如图 9 - 30，由③式，$\dfrac{\text{树高}-\text{人高}}{\text{人去木}}=$

$\dfrac{\text{山高}-\text{人高}}{\text{人去木}+\text{山去木}}$，用今有术就得到解题算法。

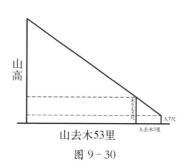

图 9 - 30

【二四】今有井，径五尺，不知其深。立五尺木于井上，从木末望水岸，入径四寸。问：井深几何？答曰：五丈七尺五寸。

术曰：置井径五尺，以入径四寸减之，余，以乘立木五尺为实。以入径四寸为法。实如法得一寸[叁拾捌]。

[叁拾捌] 此以入径四寸为勾率，立木五尺为股率，井径之余四尺六寸为见勾。问井深者，见勾之股也。

原文翻译

【24】有一口井,直径为 5 尺,井深未知。在井口立一根 5 尺长的木杆,从木杆顶端观测井中水面,测得"入径"为 4 寸。问:井深多少?答:5 丈 7 尺 5 寸。

算法:用井之直径 5 尺,减去"入径"的 4 寸,所得之差乘木杆的长度 5 尺作为"实"。以"入径"4 寸作为"法"。以"法"除"实",即得井深。

注解

如图 9-31,由③式,$\dfrac{\text{井深}}{\text{井径}-\text{入径}} = \dfrac{\text{杆长}}{\text{入径}}$。于是,由今有术得算法。

图 9-31

图书在版编目（CIP）数据

九章算术 / 希格玛工作室编译. — 上海：上海教育出版社，2021.5
（中小学生阅读指导书目）
ISBN 978-7-5720-0625-8

Ⅰ.①九… Ⅱ.①希… Ⅲ.①古典数学 – 中国 – 青少年读物
Ⅳ.①O112-49

中国版本图书馆CIP数据核字(2021)第099096号

责任编辑　项征御　张莹莹
封面设计　橄榄树

Jiuzhang Suanshu

九章算术

[汉] 佚　名　编撰　[魏] 刘　徽　注　希格玛工作室　编译

出版发行　上海教育出版社有限公司
官　　网　www.seph.com.cn
地　　址　上海市永福路123号
邮　　编　200031
印　　刷　上海普顺印刷包装有限公司
开　　本　700×1000　1/16　印张 20.5
字　　数　246 千字
版　　次　2021年6月第1版
印　　次　2021年6月第1次印刷
书　　号　ISBN 978-7-5720-0625-8/G·0473
定　　价　68.00 元

如发现质量问题，读者可向本社调换　电话：021-64377165